essentials

W0258063

essentials liefern aktuelles Wissen in konzentrierter Form. Die Essenz dessen, worauf es als „State-of-the-Art" in der gegenwärtigen Fachdiskussion oder in der Praxis ankommt. *essentials* informieren schnell, unkompliziert und verständlich

- als Einführung in ein aktuelles Thema aus Ihrem Fachgebiet
- als Einstieg in ein für Sie noch unbekanntes Themenfeld
- als Einblick, um zum Thema mitreden zu können

Die Bücher in elektronischer und gedruckter Form bringen das Expertenwissen von Springer-Fachautoren kompakt zur Darstellung. Sie sind besonders für die Nutzung als eBook auf Tablet-PCs, eBook-Readern und Smartphones geeignet. *essentials:* Wissensbausteine aus den Wirtschafts-, Sozial- und Geisteswissenschaften, aus Technik und Naturwissenschaften sowie aus Medizin, Psychologie und Gesundheitsberufen. Von renommierten Autoren aller Springer-Verlagsmarken.

Weitere Bände in dieser Reihe http://www.springer.com/series/13088

Christian Schneider

Licht in der Welt der Nanotechnologie

Ein verständlicher Einstieg in die Grundlagen und Anwendungen

Dr. Christian Schneider
Kaiserslautern, Deutschland

ISSN 2197-6708   ISSN 2197-6716 (electronic)
essentials
ISBN 978-3-658-14310-7   ISBN 978-3-658-14311-4 (eBook)
DOI 10.1007/978-3-658-14311-4

Die Deutsche Nationalbibliothek verzeichnet diese Publikation in der Deutschen National-
bibliografie; detaillierte bibliografische Daten sind im Internet über http://dnb.d-nb.de abrufbar.

Springer Spektrum
© Springer Fachmedien Wiesbaden 2016
Das Werk einschließlich aller seiner Teile ist urheberrechtlich geschützt. Jede Verwertung, die
nicht ausdrücklich vom Urheberrechtsgesetz zugelassen ist, bedarf der vorherigen Zustimmung
des Verlags. Das gilt insbesondere für Vervielfältigungen, Bearbeitungen, Übersetzungen,
Mikroverfilmungen und die Einspeicherung und Verarbeitung in elektronischen Systemen.
Die Wiedergabe von Gebrauchsnamen, Handelsnamen, Warenbezeichnungen usw. in diesem
Werk berechtigt auch ohne besondere Kennzeichnung nicht zu der Annahme, dass solche
Namen im Sinne der Warenzeichen- und Markenschutz-Gesetzgebung als frei zu betrachten
wären und daher von jedermann benutzt werden dürften.
Der Verlag, die Autoren und die Herausgeber gehen davon aus, dass die Angaben und Informa-
tionen in diesem Werk zum Zeitpunkt der Veröffentlichung vollständig und korrekt sind.
Weder der Verlag noch die Autoren oder die Herausgeber übernehmen, ausdrücklich oder
implizit, Gewähr für den Inhalt des Werkes, etwaige Fehler oder Äußerungen.

Gedruckt auf säurefreiem und chlorfrei gebleichtem Papier

Springer Spektrum ist Teil von Springer Nature
Die eingetragene Gesellschaft ist Springer Fachmedien Wiesbaden GmbH

Was Sie in diesem *essential* finden können

- Wie Licht mit Materie wechselwirkt
- Was die Physik der Nanowelt besonders macht
- Wie man Nanostrukturen herstellen kann
- Eine Auswahl von nanotechnologischen Anwendungen
- Neue Ideen aus der Forschung zum Einsatz von Nanotechnologie

Vorwort

Noch vor 100 Jahren wurde Max Planck – einem der Mitbegründer der Quantenmechanik – geraten, nicht Physik zu studieren, da alles Wichtige schon erforscht sei. Doch auch heute leben wir immer noch in einer spannenden physikalischen Zeit! Nobelpreise werden für Erfindungen wie den CCD-Sensor oder die blaue Leuchtdiode verliehen und Entdeckungen wie die des Higgs-Bosons oder von Gravitationswellen zeigen, dass die physikalische Forschung keinesfalls an ihrem Ende ist.

Heute erlaubt der Vorstoß in eine mikroskopisch kleine Welt immer neue, teilweise bahnbrechende Entdeckungen und Erfindungen. Ein gutes Beispiel hierfür ist die Nanotechnologie. In diesem Buch möchte ich Ihnen im ersten Kapitel zeigen, auf welchen physikalischen Prinzipien nanotechnologische Anwendungen basieren. Im nächsten Kapitel geht es dann zunächst um Methoden zur Herstellung von Nanostrukturen. Danach werden einige beispielhaft ausgewählte Anwendungen vorgestellt, wobei der Bogen von bereits aktiv genutzten bis hin zu noch in der Forschung befindlichen Entwicklungen gespannt wird.

Begeben Sie sich also mit diesem Buch auf eine Reise in die Welt der Nanotechnologie, erhalten Sie einen Einblick in die daraus resultierenden Möglichkeiten und lernen Sie vielleicht auch aus ihrem Alltag bekannte Dinge aus einem anderen Blickwinkel kennen!

Ich wünsche Ihnen viel Freude mit diesem *essential* und einem spannenden Forschungsgebiet!

Christian Schneider

Inhaltsverzeichnis

Einleitung 1

Technologien und technologische Fortschritte bestimmen seit Ende des 18. Jahrhunderts unser alltägliches Leben wie noch niemals zuvor in der Geschichte der Menschheit. Hierbei inspirieren sich Forschung und technologische Entwicklung gegenseitig. Neue Technologien führen zu besseren, exakteren und effizienteren Methoden in der Forschung, deren Ergebnisse dann wieder in ihrer Anwendung zu besserer Technik führen.

In den letzten Jahrzehnten zeichnet sich vermehrt ein Trend zur Miniaturisierung von Bauelementen ab. Als Vater dieses Gedankens wird oft der Vortrag „There's Plenty of Room at the Bottom"[1] des amerikanischen Physikers Richard Feynman genannt (Feynman o. J.). In diesem stellte Feynman 1959 dar, wie der „Spielraum nach unten" – gemeint ist der mikroskopische Bereich – genutzt werden kann. So rechnete er zum Beispiel vor, dass mithilfe der Nanotechnologie (ein Wort, welches er im Übrigen während seines gesamten Vortrages nicht gebrauchte) die gesamten, weltweit in Form von Büchern vorhandenen Informationen (ca. 24 Mio. Bücher) in einem Würfel mit einer Kantenlänge von einem halben Millimeter gespeichert werden können.

Diese damals visionären Ideen sind heute zum Teil Realität geworden und Nanotechnologie ist Bestandteil unseres Alltags. Nano – griechisch für „Zwerg" – ist unglaublich klein: 1 Nanometer (nm) sind 10^{-9} m – also ein Milliardstel Meter bzw. Millionstel Millimeter. 1 nm verhält sich zum Durchmesser einer Orange wie der Durchmesser einer Orange zu dem der Erde! Im Bereich der Grundlagenforschung ist die Nanotechnologie momentan ganz groß: Jährlich gibt allein das Bundesministerium für Bildung und Forschung (BMBF) ca. 220 Mio. € für

---

[1]Deutsch: Es gibt viel Spielraum nach unten.

© Springer Fachmedien Wiesbaden 2016
C. Schneider, *Licht in der Welt der Nanotechnologie*, essentials,
DOI 10.1007/978-3-658-14311-4_1 1

Forschung und Entwicklung im Bereich der Nanotechnologie aus. Laut dem ebenfalls vom BMBF veröffentlichten „nano.DE Report 2013" (Bundesministerium für Bildung und Forschung 2013) betrug der Umsatz von deutschen Nanotechnologieunternehmen im Jahr 2013 ca. 15 Mrd. €.

Nanotechnologie verzeichnet also momentan einen Boom – neuartige Effekte, die interessante und vielseitige technologische Anwendungen versprechen, tun sich auf. Trotz dieses Aufstiegs der Nanotechnologie in den letzten 50 Jahren reichen erste darauf basierende Effekte weit zurück ins Mittelalter, wo Alchemisten die Fenster in Kirchen mit Hilfe von Gold-Nanoteilchen einfärbten. Eine physikalische Beschreibung dieses Effekts wurde jedoch erst Anfang des 20. Jahrhunderts möglich, nachdem James Clerk Maxwell seine Gleichungen zur Beschreibung von Lichtwellen präsentierte. Aufbauend auf diesen Gleichungen entwickelte der Physiker Gustav Mie in seinem Artikel „Beiträge zur Optik trüber Medien, speziell kolloidaler Metallösungen" (Mie 1908) eine Theorie zur Beschreibung der Lichtabsorption von metallischen Nanoteilchen, die heute unter dem Namen „Mie-Theorie" bekannt ist.

Durch neue Erkenntnisse in der Nanotechnologie erhofft man sich nicht nur eine Miniaturisierung existierender Bauteile, sondern vor allem Verbesserungen in vielen Bereichen des täglichen Lebens, angefangen von medizinischen Analyse- und Behandlungsverfahren über Elektronik, Sensorik und Messtechnik bis hin zur Energietechnik, wo die Nanotechnologie unter anderem dazu eingesetzt wird, um eine Effizienzsteigerung von Solarzellen zu erreichen.

Die Nanotechnologie ist damit keine auf ein Themenfeld der Physik beschränkte Wissenschaft, sondern wird vielfältig in verschiedensten Forschungs- und Anwendungsbereichen eingesetzt. Daher kann dieser Text nur einen Teilaspekt der Nanotechnologie behandeln. Es soll daher in den folgenden Kapiteln um verschiedene spannende Effekte der Wechselwirkung von Licht mit Nanoteilchen gehen, die vielleicht in einigen Jahren unser Leben in verschiedensten Bereichen revolutionieren könnten.

Grundlagen der lichtbasierten Nanotechnologie 2

Wie im Folgenden gezeigt wird, stellt die Grundlage der lichtbasierten Nanotechnologie die Wechselwirkung zwischen Licht mit Elektronen in Metallen dar. In diesem Kapitel sollen einige Überlegungen zum Verständnis dieser Wechselwirkung präsentiert werden: Wie verhalten sich Elektronen in Metallen? Was ist Licht? Wie kann Licht mit diesen Elektronen wechselwirken – und was hat dies mit Nanotechnologie zu tun?

Hierfür soll zunächst eine kurze Einführung in die Natur des Lichtes erfolgen. Im Weiteren wird das Verhalten von Elektronen in festen Körpern und als Abschluss die Wechselwirkung von Licht mit diesen Elektronen beschrieben.

2.1 Was ist Licht?

Licht fasziniert die Menschen schon seit jeher. Newton war an der Schwelle zum 17. Jahrhundert der Meinung, dass Licht aus kleinen Teilchen besteht, die sich geradlinig im Raum ausbreiten. Christiaan Huygens, der zu etwa der gleichen Zeit lebte, widersprach, und behauptete, Licht bestehe aus Wellen, die sich ähnlich wie Wasserwellen verhalten. Das Problem schien scheinbar gelöst, als James Clerk Maxwell Ende des 19. Jahrhunderts seine Maxwell-Gleichungen veröffentlichte, die auch heute noch die Basis für viele Berechnungen im Bereich der Optik darstellen. Diese beschreiben Licht als eine elektromagnetische Welle, die sich in Raum und Zeit ausbreitet (Jackson).

Seit Entwicklung der Quantenmechanik, vorrangig durch Max Planck und Albert Einstein Anfang des 20. Jahrhunderts vorangetrieben, ist jedoch bekannt, dass Licht sowohl Teilchen- wie auch Wellencharakter hat. Je nachdem, welche Eigenschaften betrachtet werden bzw. welches Experiment durchgeführt wird, ist eine Beschreibung von Licht entweder als Teilchen oder als Welle geeigneter.

© Springer Fachmedien Wiesbaden 2016
C. Schneider, *Licht in der Welt der Nanotechnologie*, essentials,
DOI 10.1007/978-3-658-14311-4_2

Für die Ausführungen in diesem Text ist es größtenteils zweckmäßig, Licht als Welle zu betrachten. Eine elektromagnetische Welle kann man sich so vorstellen, dass ein elektrisches Feld (und ein magnetisches Feld, welches im Folgenden aber vernachlässigt wird) zeitlich oszilliert und sich dabei im Raum ausbreitet. Die Ausbreitungsgeschwindigkeit ist hierbei die Lichtgeschwindigkeit, die mit c bezeichnet wird (siehe Abb. 2.1). Schaut man sich das elektrische Feld – oder genauer: den elektrischen Feldvektor, der Richtung und Stärke des elektrischen Feldes angibt – an einem *festen* Ort an, so schwingt (oszilliert) dieser mit der Frequenz f des Lichtes. Den räumlichen Abstand zwischen zwei benachbarten Wellenbergen bezeichnet man als Wellenlänge λ des Lichtes. Zwischen Wellenlänge λ und Frequenz f besteht im Vakuum der Zusammenhang $c = \lambda \cdot f$. In Materie, also z. B. in Glas oder anderen Materialien (dies wird im Folgenden als „Medium" bezeichnet) breitet sich Licht mit kleinerer Geschwindigkeit aus, es gilt $c_{\text{Medium}} = \lambda_{\text{Medium}} \cdot f$, da die Frequenz von Licht im Medium und im Vakuum identisch ist. Die unterschiedliche Ausbreitungsgeschwindigkeit ist z. B. ein Effekt, welcher aufgrund der Wechselwirkung von Licht mit den Elektronen in den verschiedenen Medien zustande kommt.

Zusätzlich zu den Eigenschaften Frequenz, Wellenlänge und Geschwindigkeit existieren noch weitere Eigenschaften von Licht(-wellen), die für die weiteren Betrachtungen wichtig sind. Eine hiervon ist die Polarisation, die angibt, in welcher Art und Weise der elektrische Feldvektor schwingt. Für die Behandlung in diesem Text ist es ausreichend, die sogenannte „lineare Polarisation" zu betrachten. Bei dieser schwingt der elektrische Feldvektor in einer Ebene (z. B. in der Papierebene bzw. steht senkrecht auf dieser). Den Begriff der

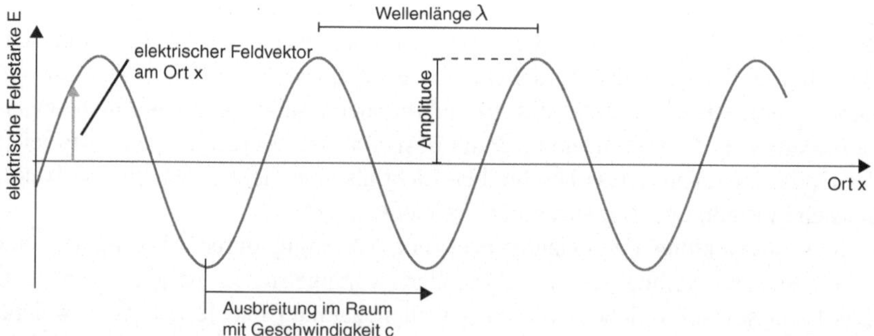

Abb. 2.1 Eigenschaften von Lichtwellen. Die Grafik zeigt die räumliche Abhängigkeit der elektrischen Feldstärke einer Lichtwelle vom Ort zu einer festen Zeit

Lichtpolarisation[1] findet man z. B. häufig in der Fotografie, wo spezielle Filter eine Polarisationsrichtung des Lichtes herausfiltern können, bzw. im 3-D-Kino, wo Polarisationsbrillen eingesetzt werden, um die Bilder für rechtes und linkes Auge zu trennen.

Der wohl unanschaulichste Begriff im Zusammenhang mit Lichtwellen ist die Phase bzw. der Phasenwinkel der Lichtwelle. Die Phase gibt an, welchen Schwingungszustand eine Lichtwelle an einem bestimmten Ort und zu einer bestimmten Zeit gerade hat – ob also gerade ein Maximum der elektrischen Feldstärke vorliegt, oder ob die elektrische Feldstärke sogar Null ist. Sinnvoll ist der Begriff Phase vor allem, wenn man zwei elektromagnetische Wellen gleicher Frequenz miteinander vergleicht – diese können z. B. gleichphasig schwingen. Dies bedeutet, dass eine Welle ein Maximum hat, wenn auch die andere ein Maximum aufweist (siehe Abb. 2.2 rechts). Im Falle einer Phasenverschiebung von 180° schwingen sie gegenphasig, d. h. hat eine ein positives Maximum der elektrischen Feldstärke, hat die andere ein negatives Maximum der elektrischen Feldstärke (siehe Abb. 2.2 links). Treffen z. B. zwei gegenphasig schwingende Wellen mit gleicher Amplitude, also „Höhe", an einem Ort zusammen, so heben sich ihre elektrischen Felder auf. Diese „Auslöschung" zweier gegenphasig schwingender Wellen wird als destruktive Interferenz bezeichnet. Überlagern sich zwei gleichphasig schwingende Wellen führt dies zu einer Verstärkung, man spricht von konstruktiver Interferenz.

Eine Lichtwelle kann auf elektrische Ladungen Kräfte ausüben. Dies wird durch die sogenannte Lorentzgleichung beschrieben. Bringt man z. B. ein Elektron in ein elektrisches Feld, so kann das Elektron darin bewegt bzw. beschleunigt werden. Die Richtung der Bewegung ist hierbei durch die Richtung des elektrischen Feldvektors, also der Polarisation des elektrischen Feldes, gegeben. Diesen Effekt hat man sich z. B. früher in analogen Röhrenfernsehern zunutze gemacht, um den Elektronenstrahl, welcher das Bild aufgebaut hat, in geeigneter Weise durch Plattenkondensatoren zu beeinflussen.

Die Frequenz von Licht im sichtbaren Spektralbereich, also zwischen Ultraviolett und Infrarot, liegt jedoch um ein Vielfaches höher als die, mit der früher beim Fernseher der Elektronenstrahl hin und her bewegt wurde. Der elektrische Feldvektor schwingt bei einer Wellenlänge von 800 nm (rotes Licht)

---

[1]Achtung: Das Wort „Polarisation" wird oft – auch in diesem Text – in Zusammenhang mit der Verschiebung von elektrischen Ladungen verwendet. Sofern es sich nicht aus dem Zusammenhang des Textes ergibt, wird daher explizit der Begriff „Lichtpolarisation" bzw. „Polarisation des elektrischen Feldes" verwendet.

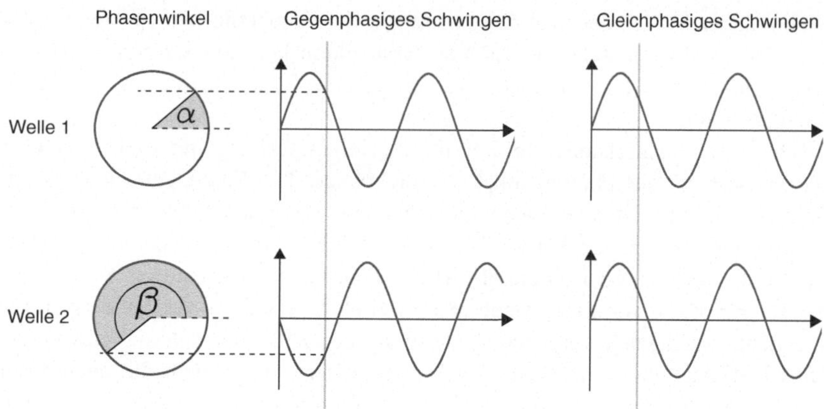

Abb. 2.2 Schematische Darstellung der Definition von Phasenwinkel und gleich- bzw. gegenphasigem Schwingen. Links dargestellt im Kreis ist der Phasenwinkel für die beiden links gezeigten Wellen. Die Winkel α und β haben eine Winkeldifferenz (Phasendifferenz) von 180°, daher schwingen die beiden links gezeigten Wellen gegenphasig: Zu jedem Zeitpunkt ist der Wert von Welle 1 der negative Wert von Welle 2. Anders beim gleichphasigen Schwingen (rechts), wo beide Wellen immer den gleichen Wert besitzen. Für den Fall gleichphasiger Schwingungen sind die Phasenwinkel-Diagramme nicht angegeben, da hier beide Winkel identisch sind, d. h. $\alpha = \beta$

ca. $375 \cdot 10^{12}$ mal in der Sekunde hin und her – also 375 Millionen Millionen mal, im Vergleich zu einem Fernseher, wo der Elektronenstrahl nur ca. 600 mal pro Sekunde mithilfe eines Plattenkondensators hin und her bewegt wird! Somit bewegen sich Elektronen in einem Lichtfeld viel schneller. In welcher Weise elektromagnetische Wellen wie Licht Kräfte auf Elektronen ausüben, soll im nächsten Abschnitt diskutiert werden.

Was in diesem Abschnitt behandelt wurde

- Licht kann als elektromagnetische Welle beschrieben werden.
- Eigenschaften einer Lichtwelle sind die Anzahl der Schwingungen pro Sekunde (Frequenz), der räumliche Abstand von zwei Schwingungsbergen (Wellenlänge) sowie noch andere Eigenschaften wie Polarisation und Phase.
- Elektrische Felder, also auch Lichtwellen, können für eine Bewegung von geladenen Teilchen wie z. B. Elektronen sorgen.

2.2   Von einzelnen Atomen zu festen Körpern

Die Grundlage der lichtbasierten Nanotechnologie, um die es in diesem Text gehen soll, bildet die Interaktion von Lichtwellen mit Materie. Hierfür soll in diesem Kapitel zunächst darauf eingegangen werden, wie Materie aufgebaut ist, mit speziellem Augenmerk auf die Elektronen in festen Körpern (hier am Beispiel von Metallen). Danach soll mithilfe des vorgestellten Modells auf die sogenannte dielektrische Funktion eingegangen werden, mit der die Eigenschaften der Elektronen im betrachteten Material und darauf basierend dessen elektronische und optische Eigenschaften beschrieben werden können. Diese Eigenschaften spielen eine besonders wichtige Rolle in der Nanotechnologie.

Hierzu ist es zweckmäßig, zunächst einmal das sogenannte „Bohrsche Atommodell" zu betrachten, welches typischerweise in der Schule gelehrt wird und auf den Physiker Niels Bohr zurückgeht. In diesem umkreisen Elektronen – negativ geladene Elementarteilchen – einen positiv geladenen Kern, der aus Protonen und Neutronen besteht. Dies erinnert stark an ein Planetensystem, in dem Planeten die Sonne umkreisen. Im Gegensatz zum Planetensystem können Elektronen aufgrund der Gesetze der Quantenmechanik den Kern jedoch nur auf fest vorgegebenen Bahnen umkreisen, es ist also nicht jeder Bahnradius möglich. Verbunden mit dem Bahnradius ist die Bindungsenergie der Elektronen, die sie in Bezug auf den positiv geladenen Kern besitzen. Je näher sie sich am Kern befinden, desto höher ist ihre Bindungsenergie und desto schwieriger können sie vom jeweiligen Atom gelöst werden.

Festkörper wie z. B. Gold, Silber oder Kupfer bestehen aus vielen, miteinander verbundenen Atomen, die regelmäßig in einem sogenannten Kristallgitter angeordnet sind. In einem Kubikzentimeter Gold befinden sich ca. $5{,}9 \cdot 10^{22}$ Atome. Aufgrund dieser hohen Zahl an Atomen sowie deren regelmäßiger Anordnung ändert sich auch das Bild aus dem Bohrschen Atommodell: Es gibt keine fest vorgegebenen, scharf begrenzten Elektronenbahnen um diese Atome mehr. Vielmehr bilden sich in Festkörpern sogenannte Energiebänder aus. Dies sind – ähnlich wie die Elektronenbahnen des Bohrschen Modells – für Elektronen erlaubte Energiebereiche. Anders jedoch als beim einzelnen Atom sind die Energiebänder eine Eigenschaft des gesamten Festkörpers. Elektronen „gehören" also nicht mehr zu einem spezifischen Atom (siehe Abb. 2.3).

Je nach Lage der Energiebänder unterscheidet man bei Metallen zwischen Valenz- und Leitungsbändern. Valenzbänder liegen energetisch gesehen tiefer als Leitungsbänder, die Elektronen darin spüren daher eher die Auswirkungen der Atomkerne.

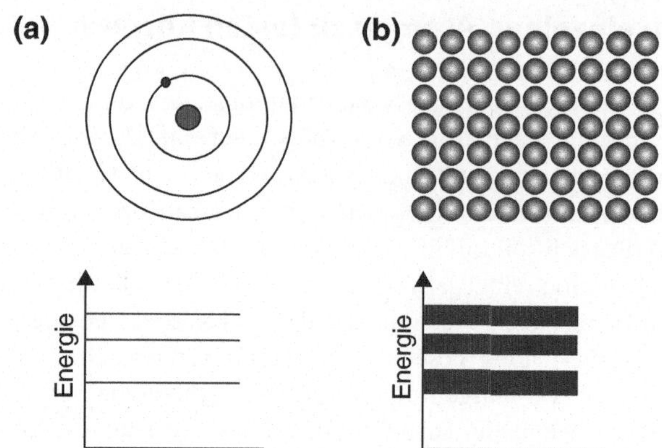

Abb. 2.3 Schematische Darstellung der Ausbildung von Energiebändern. Während bei einzelnen Atomen mit definierten Schalen wie in (**a**) gezeigt die für Elektronen erlaubten Bereiche energetisch gesehen stark beschränkt sind (es existieren nur scharfe Bereiche, in denen sie sich aufhalten dürfen), bilden sich bei Kristallen, also der regelmäßigen Anordnung von Atomen in (**b**), Energiebänder aus. Die Elektronen haben dadurch energetisch gesehen viel breitere Aufenthaltsbereiche

Innerhalb des Leitungsbandes können sich Elektronen daher frei bewegen. Bei Anlegen einer Spannung ist diese Bewegung gerichtet und wird dann als Strom bezeichnet. Die Gesamtheit der Elektronen in den Leitungsbändern wird, da sie sich scheinbar frei und losgelöst von den Atomrümpfen bewegen kann, als „freies Elektronengas" bezeichnet. Man knüpft hier eine Analogie zu Gasen, wo sich auch einzelne Teilchen unabhängig voneinander bewegen können.

Trotzdem können die Leitungselektronen z. B. mit Defekten im Kristallgitter stoßen – in der Physik „Streuung" genannt. Die Häufigkeit einer solchen Streuung hängt entschieden davon ab, wie rein und perfekt der Festkörper ist bzw. welche Temperatur er hat. Hieraus ergibt sich dann der elektrische Widerstand bzw. die elektrische Leitfähigkeit.

Um die Eigenschaften des Elektronengases in einem Festkörper beschreiben zu können, wird oftmals die dielektrische Funktion ε benutzt. Diese frequenzabhängige Funktion beschreibt, wie das Elektronengas auf die Anregung mit einem elektrischen Feld, wie z. B. Licht, reagiert. Mithilfe dieser Funktion können die vielfältigen optischen Eigenschaften von Festkörpern sehr genau beschrieben werden. So lassen sich z. B. Reflektivitäten der Oberfläche von Festkörpern, elektrische Widerstände und weitere Eigenschaften daraus berechnen.

Die dielektrische Funktion ist eine komplexwertige, materialbezogene Größe, besteht also mathematisch gesehen aus einem Realteil und einem Imaginärteil:

$$\varepsilon(f) = \varepsilon_{\text{real}}(f) + i \cdot \varepsilon_{\text{imaginär}}(f) \tag{2.1}$$

In die theoretische Berechnung dieser Funktion (welche für ein freies Elektronengas durch das sogenannte Drude-Sommerfeld-Lorentz-Modell erfolgt) gehen Faktoren wie z. B. die Dichte der Elektronen und die Anzahl von Streuungen, d. h. Kollisionen dieser Elektronen pro Sekunde, ein. Diese Größen unterscheiden sich bei verschiedenen Materialien, was dazu führt, dass sich deren optische Eigenschaften unterscheiden und somit auch unterschiedliche Festkörper unterschiedliche Farben haben.

Eine beispielhafte Darstellung der dielektrischen Funktion für Gold (in Abhängigkeit der Frequenz) ist in Abb. 2.4 gezeigt.

Die durchgezogenen Kurven zeigen den theoretischen (d. h. mithilfe des Drude-Sommerfeld-Lorentz-Modells für ein freies Elektronengas berechneten) Real- bzw. Imaginärteil der dielektrischen Funktion. Die Punkte hingegen zeigen

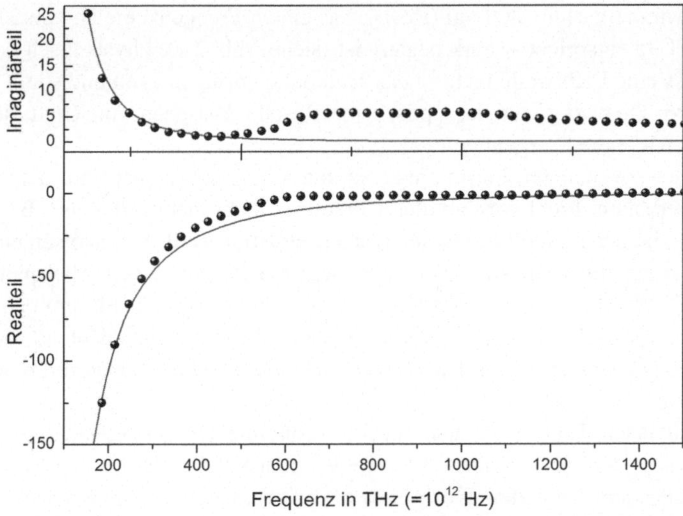

Abb. 2.4 Darstellung des Real- und Imaginärteils der dielektrischen Funktion von Gold. Die Punkte wurden Johnson und Christy (1972) entnommen, die durchgezogenen Kurven stellen die theoretische Beschreibung durch das Drude-Sommerfeld-Lorentz-Modell dar mit geeignet gewählten Werten für die Dichte der Elektronen bzw. der Anzahl von Kollisionen pro Sekunde

gemessene Daten (Johnson und Christy 1972). Wie man erkennt, stimmen die theoretisch modellierten sowie die experimentell gemessenen Verläufe recht gut überein, vor allem bei niedrigen Frequenzen unter 400 THz (was einer Wellenlänge von ca. 750 nm entspricht, also rotem Licht). Für Licht mit höherer Energie, d. h. hin zum ultravioletten Spektralbereich und damit zu höheren Frequenzen, sind jedoch starke Abweichungen vorhanden, die aufgrund von bei diesen Energien möglichen Übergängen von Elektronen zwischen verschiedenen Energiebändern zustande kommen. Für eine grundsätzliche Diskussion können diese Übergänge jedoch im Folgenden vernachlässigt und mit einem freien Elektronengas, beschrieben durch die durchgezogenen Linien, gearbeitet werden.

Im Folgenden soll hauptsächlich mit dem Realteil der dielektrischen Funktion argumentiert werden. Obwohl der Imaginärteil durchaus eine Rolle spielen kann (er wird immer dann wichtig, wenn es um Verluste, Dämpfungen und Energieumwandlungen geht), soll er der einfacheren Argumentation wegen vernachlässigt werden. Die beschriebenen Funktionsweisen und Mechanismen bleiben hierbei auch ohne Berücksichtigung des Imaginärteils richtig.

Eine wichtige Eigenschaft der dielektrischen Funktion von Gold ist, dass deren Realteil im optischen Spektralbereich, also in einem Wellenlängenbereich von 400 nm (Blau) bis 800 nm (Rot) – was einem Frequenzbereich von 375 THz bis 750 THz entspricht – stark negativ ist (siehe Abb. 2.4). Physikalisch bedeutet dies, dass eine Lichtwelle nicht in das Material eindringen kann und somit reflektiert wird. Dies sorgt für das optisch metallische Aussehen von Gold, also die gelblich wirkende Spiegelung.

Bei der sogenannten Plasmafrequenz, die mit f_p bezeichnet wird, ändert sich dieses Verhalten. Licht wird ab dieser Frequenz nicht mehr reflektiert. Bei dieser Frequenz ist der Realteil der dielektrischen Funktion Null, hat also seinen Übergang von negativ zu positiv. Für Gold liegt die Plasmafrequenz beispielsweise bei ca. 2100 THz, was einer Wellenlänge im Vakuum von ca. 140 nm entspricht. Elektromagnetische Wellen größerer Frequenz (oder gleichbedeutend kleinerer Wellenlänge) können durch den Festkörper hindurchgehen, für diese Frequenzen ist Gold also transparent.

Physikalisch kann man sich dies folgendermaßen vorstellen: Bei kleinen Frequenzen der einfallenden Lichtwelle können die Elektronen nahe der Oberfläche dem schnellen Wechsel von positivem und negativem elektrischen Feld der Lichtwelle noch folgen. Sie folgen der Lichtwelle in einer solchen Weise, dass im Inneren des Festkörpers eine zu der äußeren Lichtwelle um 180° phasenverschobene Welle erzeugt wird (siehe Abb. 2.2). Hierdurch ist das Innere des Festkörpers feldfrei, das heißt die Lichtwelle dringt nicht in den Festkörper ein. Daher wird alles auftreffende Licht reflektiert (bzw. teilweise, in einem beschränkten Bereich in Oberflächennähe auch absorbiert, siehe unten). Ab der Plasmafrequenz f_p wird die Frequenz des Lichtes zu hoch – die Elektronen können den Schwingungen nicht mehr folgen und somit den Festkörper nicht von der Strahlung abschirmen. Daher kann Licht mit höherer Frequenz als die Plasmafrequenz (wie z. B. ultraviolette Strahlung oder Röntgenstrahlung) ungehindert durch den Festkörper hindurchtreten.

Obwohl die Elektronen bei niedrigen Frequenzen das Innere des Festkörpers abschirmen, reagieren zumindest die oberflächennahen Elektronen auf das auftreffende Licht (und sorgen damit dafür, dass das Innere feldfrei ist). Die Dicke dieser noch reagierenden Grenzschicht wird in der Physik auch Eindringtiefe bzw. Skintiefe (engl. „skin" = Haut) genannt und liegt bei Metallen im Bereich von ca. 20–30 nm.

Was in diesem Abschnitt behandelt wurde

- Elektronen, die sich im Leitungsband von Festkörpern befinden, können sich quasi ungehindert bewegen.
- Die dielektrische Funktion $\varepsilon(f)$ beschreibt, wie die Elektronen auf eine Lichtwelle reagieren.
- Licht kann unterhalb der Plasmafrequenz ca. 20–30 nm weit in Materie eindringen.

2.3 Die Welt ist bunt: Resonanzen und Mie-Theorie

In den vorangegangen Kapiteln wurden verschiedene Eigenschaften von Licht, der Aufbau von Festkörpern sowie die Wechselwirkung von Licht mit großen, massiven Festkörpern betrachtet. Physiker sprechen bei solch massiven Festkörpern vom sogenannten „Bulk-Material" (engl. „bulk" = große Menge).

In diesem Kapitel geht es um die Wechselwirkung von Licht mit Nanostrukturen, also Strukturen, die nur aus wenigen bis ein paar 1000 Atomen bestehen. Die dahinter stehende Theorie wurde bereits im Jahr 1908 vom Physiker Gustav Mie veröffentlicht (Mie 1908). Obwohl in der Veröffentlichung von Mie – wie auch in dem hier vorliegenden Text – hauptsächlich auf metallische Nanopartikel eingegangen wird, stellt die Mie-Theorie eine exakte Theorie zur Beschreibung der Wechselwirkung von Licht mit beliebigen, kugelförmigen Nanoteilchen dar. So ist es mit dieser Theorie zum Beispiel möglich, Lichtstreuung an atmosphärischen Partikeln zu beschreiben.

Im Folgenden soll es darum gehen, bestimmte physikalische Effekte mithilfe der Mie-Theorie zu verstehen. Grundsätzlich sind diese nur exakt für kugelförmige Partikel lösbar und somit richtig, jedoch können Trends und Effekte auch auf andere, nicht-kugelförmige Partikel übertragen werden.

Zunächst stellt sich die Frage, worin der Unterschied bei der Wechselwirkung von Licht mit Nanopartikeln, verglichen mit der Wechselwirkung mit massiven Festkörpern, d. h. Bulk-Material, liegt. Wie im vorigen Kapitel dargelegt, beträgt die Eindringtiefe von Licht in Metalle je nach Frequenz ca. 20–30 nm. Bei kleinen Partikeln, deren Abmessungen in dieser Größenordnung liegen – wie z. B. kleinen Kugeln aus Gold mit einem Durchmesser von wenigen Nanometern – kann also das komplette Partikelinnere von dem elektrischen Feld des Lichts beeinflusst werden. Dies führt zu neuen, bisher von Bulk-Material nicht bekannten Effekten.

Zunächst soll eine auf einen Nanopartikel auftreffende Lichtwelle zu zwei unterschiedlichen Zeitpunkten betrachtet werden: Zu einer willkürlich festgelegten Zeit t_1 zeigt zum Beispiel der elektrische Feldvektor der Lichtwelle in die positive y-Richtung, wie in Abb. 2.5 links dargestellt. Hierdurch reagieren alle Elektronen in dem Partikel auf dieses elektrische Feld, werden also in die negative y-Richtung verschoben, da der elektrische Feldvektor die Kraftrichtung auf eine positive Ladung angibt. Somit bilden sich an dem oberen bzw. unteren Partikelrand positive bzw. negative Ladungen, die man dann Polarisationsladungen nennt (da sie aufgrund einer Verschiebung der Elektronen

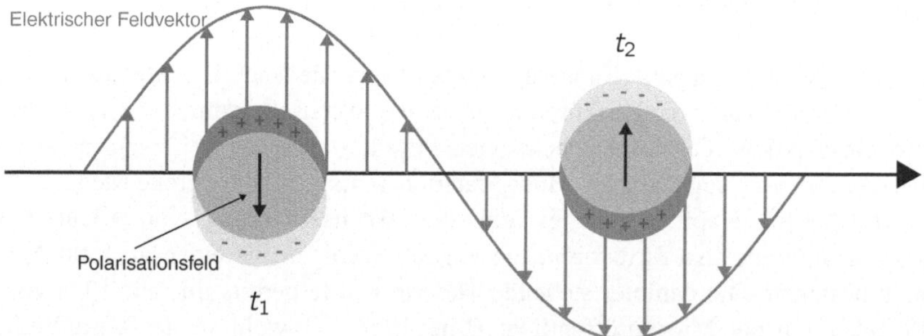

Abb. 2.5 Schematische Darstellung der Verschiebung von Ladungen in einem Nanopartikel aufgrund eines externen elektrischen Feldes. Das Polarisationsfeld wird in Abschn. 4.1 näher behandelt

in einem sonst elektrisch neutralen Partikel zustande kommen).[2] Zu einem späteren Zeitpunkt t_2, eine halbe Lichtwellen-Periode später (siehe Abb. 2.5 rechts), haben sich alle Vorzeichen umgedreht: Die positiven Polarisationsladungen befinden sich nun am unteren Partikelrand, die negativen am oberen.

Nimmt man im Folgenden für ein kurzes Gedankenexperiment einmal an, die Lichtwelle habe die Elektronen so ausgelenkt wie in Abb. 2.5 dargestellt. Könnte man nun die Lichtwelle schlagartig abschalten, so würden die Elektronen wieder ihrer Ruhelage zustreben, also so, dass an den Rändern des Nanopartikels keine Polarisationsladungen mehr vorhanden sind. Dieser Vorgang benötigt jedoch eine kurze Zeit (im Bereich von 10^{-15} s), da die Elektronen eine gedämpfte Schwingung um ihre Ruhelage vollführen. Dies kann man sich gut anhand des Bildes eines realen, mechanischen Pendels vorstellen: Lässt man es aus einer ausgelenkten Lage los, schwingt es um die Ruhelage, bis es aufgrund von Dämpfungseffekten (wie z. B. Reibung mit der Luft) zur Ruhe kommt. Die dem Pendel – und auch den Elektronen im Nanopartikel – eigene Frequenz, mit der es/sie um die Ruhelage schwingen/schwingt, nennt man Eigenfrequenz. Im Falle der Schwingung in einem Nanopartikel wird diese Eigenfrequenz hauptsächlich durch die dielektrische Funktion des verwendeten Materials bestimmt.

Strahlt man nun einfarbiges Licht auf einen Nanopartikel ein, so kann die Frequenz dieser Lichtwelle mit der Eigenfrequenz der Elektronen übereinstimmen. In diesem Fall spricht man von einer Resonanz: Das Elektronensystem des Nanopartikels wird durch das elektrische Feld der Lichtwelle mit der gleichen Frequenz angeregt, mit der es selbst schwingen will. Ein Beispiel aus der Mechanik ist z. B. eine Schaukel, die mit einer bestimmten Frequenz schwingt. Bewegt man seine Beine nun mit der gleichen Frequenz der Schaukel, was jedes Kind intuitiv richtig macht, so wird die Auslenkung der Schaukel immer größer. Bewegt man die Beine mit anderer Frequenz (also schneller oder langsamer als die Schaukel schwingt), so erreicht man diese maximale Auslenkung nicht. Ähnlich verhält es sich bei einem Nanopartikel: Mit der richtigen Frequenz, also der Resonanzfrequenz angeregt, kann eine starke Schwingung der Elektronen erreicht werden, d. h. je besser man die Resonanzfrequenz trifft, desto mehr Elektronen nehmen an der Schwingung teil.

Die Resonanz im Falle von Nanopartikeln wird auch oft „Plasmonen-Resonanz" oder „lokalisierte Oberflächen-Plasmonen-Resonanz" genannt. Hierbei

---

[2]Streng genommen gibt es im geschilderten Fall keine positiven Polarisationsladungen, sondern ein Mangel an Elektronen, wodurch die positiv geladenen Kerne für eine positive Ladung sorgen.

beziehen sich die einzelnen Begriffe auf verschiedene Aspekte des Resonanz-Effekts: Das Wort „Plasmon" stammt von dem Begriff Plasma ab. Ein Plasma ist in der Physik ein Gemisch von unterschiedlich geladenen Teilchen. „Plasmon" zielt also auf die Trennung bzw. Verschiebung von Elektronen und der damit verbundenen Ausbildung von positiven und negativen Ladungen an den Partikelenden ab. Da eine solche Schwingung nur stattfinden kann, wenn eben solche Partikel-Grenzflächen, also Oberflächen, existieren, enthält der Begriff zusätzlich das Wort „Oberfläche". Zuletzt deutet der Begriff „lokalisiert" an, dass die Schwingung der Elektronen nur auf einem räumlich sehr beschränkten Raum stattfindet, der durch die Größe des Nanopartikels gegeben ist.

Die Plasmonen-Resonanz von Nanopartikeln hat weitreichende Konsequenzen für deren optische wie auch deren elektronische Eigenschaften. Da je nach Anwendung unterschiedliche Aspekte der Plasmonen-Resonanz relevant sind, werden die genauen Effekte bei der jeweiligen Anwendung in Kap. 4 beschrieben. Zunächst soll jedoch auf die Herstellung von Nanostrukturen eingegangen werden.

Was in diesem Abschnitt behandelt wurde

- Licht kann die Elektronen in kleinen metallischen Partikeln hin- und her bewegen. Hierdurch bilden sich an den Rändern Polarisationsladungen.
- Die Schwingung der Elektronen hat eine Eigenfrequenz, die durch die dielektrische Funktion des Materials gegeben ist.
- Ist die Frequenz des auftreffenden Lichts gleich der Eigenfrequenz der Elektronen, kommt es zur Resonanz: Die Anzahl der verschobenen Elektronen bzw. die Anzahl der Polarisationsladungen wird maximal.

Herstellung von Nanostrukturen 3

Die Herstellung von Nanostrukturen in einer definierten Art und Weise stellt eine Herausforderung dar, da hierfür Werkzeuge „feiner" sein müssen als die Nanostrukturen selbst. Richard Feynman schlug in seinem Vortrag von 1959 vor, die Optik eines Elektronenmikroskops, welches damals schon existierte, umzukehren. Diese sorgt normalerweise dafür, dass kleine Objekte vergrößert werden können, indem man die Oberfläche des Objekts mit Elektronen abtastet. Sein Vorschlag war nun, es statt zur Vergrößerung zur Verkleinerung zu nutzen und somit mit einem fokussierten Strahl aus geladenen Teilchen Nanostrukturen zu schreiben. Diese Idee ist heute zur Realität geworden und Methoden wie Elektronenstrahl-Lithografie bzw. Focused Ion Beam Milling (dt. „Fokussiertes Ionenstrahl-Fräsen"), kurz FIB, erlauben es heute, Nanostrukturen in fast beliebigen Formen und aus verschiedensten Materialien herzustellen. Im Folgenden sollen ein paar Herstellungsmethoden näher beschrieben werden.

3.1 Elektronenstrahl-Lithografie

Die Elektronenstrahl-Lithographie ist eine Methode, mit der Nanostrukturen auf die Oberfläche von verschiedenen Trägermaterialien geschrieben werden können. Hierzu wird zunächst ein Trägermaterial (z. B. Silizium), das im Folgenden Substrat genannt wird, mit einer strahlungsempfindlichen Schicht (allgemein „Lack" genannt) beschichtet. Diese strahlungsempfindliche Schicht besteht z. B. aus Polymethylmethacrylat (PMMA), allgemein auch unter dem Namen Plexiglas bekannt, welches in einem Lösungsmittel gelöst ist. Plexiglas wird in flüssiger Form gleichmäßig auf das Substrat aufgebracht, was zum Beispiel durch sogenannte Schleuder-Beschichtung erfolgen kann. Hierbei wird das Substrat

© Springer Fachmedien Wiesbaden 2016
C. Schneider, *Licht in der Welt der Nanotechnologie,* essentials,
DOI 10.1007/978-3-658-14311-4_3 15

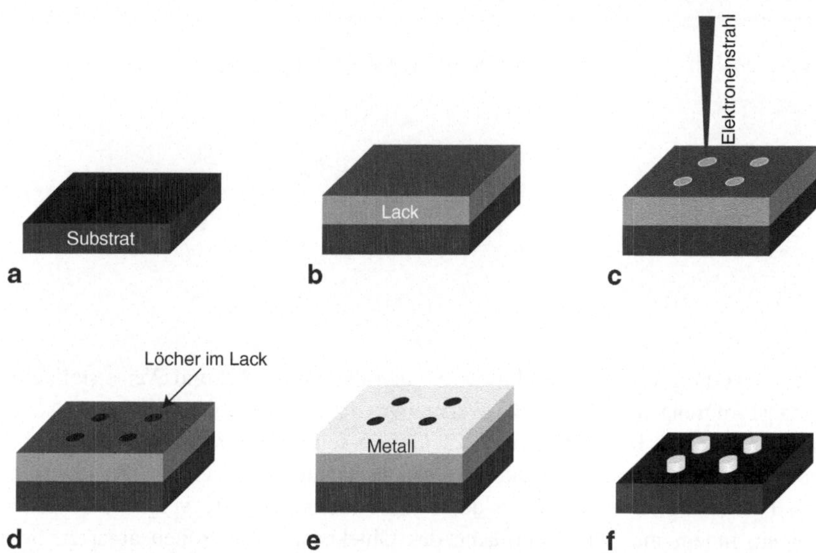

Abb. 3.1 Herstellung von Nanostrukturen auf Oberflächen mithilfe der Elektronenstrahllithografie. Das Substrat (**a**) wird mit Lack (Plexiglas) (**b**) beschichtet. Mithilfe eines Elektronenstrahls (**c**) werden die Strukturen in den Lack geschrieben, an den auf diese Weise „belichteten" Stellen kann dieser entfernt werden (**d**) Nach Beschichtung mit Metall (**e**) kann das Plexiglas entfernt werden, wodurch die Nanostrukturen (**f**) stehen bleiben

mit einem Lacktropfen auf einem motorisierten Rotationstisch schnell gedreht, wodurch sich der Lacktropfen gleichmäßig auf der Oberfläche verteilt. Anschließendes Aufheizen des gesamten Substrats führt nun dazu, dass sich ein fester Plexiglasfilm bildet (siehe Abb. 3.1).

Nun muss in diese aus Plexiglas bestehende Oberfläche die eigentliche Nanostruktur geschrieben werden. Dies geschieht mit der eigentlichen Elektronenstrahl-Lithografie-Anlage (Menz et al. 2005). Diese nutzt Techniken, die vom technischen Funktionsprinzip her auch in Röhrenmonitoren verwendet wurden. Zunächst wird ein Strahl aus Elektronen erzeugt, welcher eine Energie von mehreren 10 keV hat – das heißt die Elektronen wurden durch eine Spannung von mehreren 10 kV beschleunigt. Dieser hochenergetische Strahl kann nun mit verschiedenen Elementen wie Plattenkondensatoren und magnetischen Linsen sowohl abgelenkt wie auch gezielt auf bestimmte Stellen des mit Plexiglas beschichteten Trägermaterials fokussiert werden. Bei entsprechender Einstellung der Anlage sind Strahldurchmesser von wenigen Nanometern möglich, was ein Schreiben von Nanostrukturen in eben diesem Bereich erlaubt.

Der hochenergetische Elektronenstrahl kann nun die Molekularstruktur des Plexiglases auf der Probenoberfläche „zerstören", das heißt das eigentlich langkettige Plexiglasmolekül kann in kleinere Bruchstücke zerlegt werden. Diese Bruchstücke können anschließend durch ein Lösungsmittel wie z. B. Isopropanol entfernt werden. Was zurück bleibt ist nun also das mit Plexiglas beschichtete Substrat, wobei die Plexiglasschicht an den mit dem Elektronenstrahl bestrahlten Stellen definierte Löcher enthält.

In einem weiteren Schritt werden nun diese Löcher mit dem Metall aufgefüllt, aus dem später die Nanostrukturen bestehen sollen. Hierzu kann beispielsweise das Metall verdampft werden und sich somit auf der Probe niederschlagen, jedoch existieren auch noch weitere Methoden. Für Details sei z. B. auf (Menz et al. 2005) verwiesen.

Nach diesem Schritt befindet sich also an den vorher mit dem Elektronenstrahl belichteten Stellen die gewünschte Nanostruktur direkt auf dem Trägermaterial, an den nicht belichteten Stellen befindet sich unter dem aufgedampften Material noch eine Schicht Plexiglas.

In einem letzten Schritt kann das Plexiglas – und damit auch das darauf befindliche Metall – mithilfe von chemischen Verfahren entfernt werden. Übrig bleibt also ein Substrat, auf dem sich die gewünschte Nanostruktur befindet.

Elektronen-Lithografie ist damit eine sehr vielseitige Methode zur Herstellung verschiedenster Nanostrukturen aus (und auf) unterschiedlichen Materialien. Für unterschiedliche Anwendungen existieren verschiedene, spezielle Verfahren, die eine gezielte Herstellung beliebiger Strukturen erlauben (siehe Abb. 3.2a).

3.2 Focused Ion Beam Milling (FIB)

Focused Ion Beam Milling – frei übersetzt etwa „Fräsen mit einem fokussierten Ionenstrahl" – ist ähnlich wie Elektronenstrahl-Lithografie eine Technik, mit der auf einem Substrat eine frei definierbare Nanostruktur geschrieben werden kann. Im Unterschied zur Elektronenstrahl-Lithografie wird jedoch mithilfe von FIB Material abgetragen, also entfernt.

Hierzu werden Ionen stark beschleunigt und auf die Probe fokussiert, um damit – ähnlich wie beim Sandstrahlen, jedoch nur an exakt festgelegten Positionen – Material abzutragen. FIB arbeitet hierbei meist mit Gallium- oder Helium-Ionen, aber auch andere Ionen wie z. B. Neon-Ionen sind möglich. Die Ionen

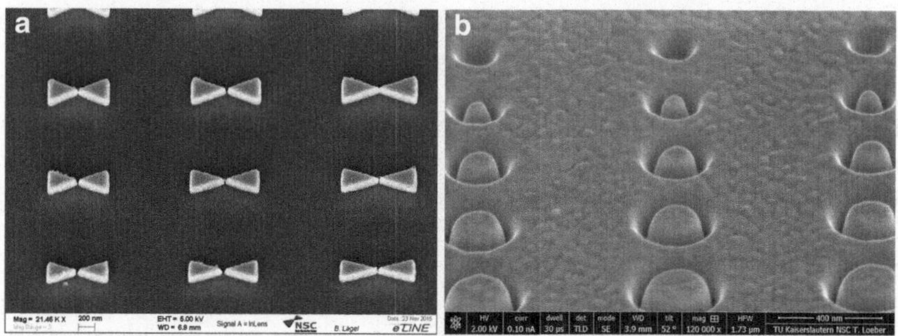

Abb. 3.2 Mithilfe von (**a**) Elektronenstrahllithographie bzw. (**b**) FIB hergestellte Strukturen. Die aus Kupfer hergestellten Dreiecke in (**a**) sind 100 nm dick und sitzen auf einem Siliziumsubstrat, sie wurden mit den beschriebenen Verfahren (Aufdampfen, Lift-Off) hergestellt. Die Ringe mit unterschiedlichem Durchmesser in (**b**) wurden in einen Goldfilm geschrieben, indem durch den Ionenstrahl definiert Material entfernt wurde. (Bilder mit freundlicher Genehmigung durch das Nano Structuring Center (NSC), TU Kaiserslautern)

werden zu einem Strahl geformt, der dann – da Ionen geladen sind – wieder mit elektrischen Feldern manipuliert und so auf eine Probe fokussiert werden kann.

Der Vorteil von FIB liegt darin, dass Strukturen in bereits bestehendes Material „gefräst" werden können. Dies bietet sich vor allem dann an, wenn das Material selbst schwer oder gar nicht zu deponieren, d. h. nachträglich aufzubringen ist, um es mit der oben beschriebenen Methode zu bearbeiten. Eine weitere Anwendung ist z. B. das Entfernen von Material bei sogenannten Einkristallen: Bei diesen sind Atome perfekt regelmäßig angeordnet. Mit typischen Depositionsverfahren, wie z. B. Aufdampfen, ist diese Regelmäßigkeit auf großen Flächen nicht zu erreichen.

Da FIB Material abträgt, bietet sich diese Strukturierungsmethode vor allem dann an, wenn Löcher, Gräben etc. in eine Oberfläche eingebracht werden sollen (siehe Abb. 3.2b).

3.3   Chemische Synthese

Die bisher vorgestellten Methoden eignen sich vor allem dazu, in definiertem Abstand auf einem Trägermaterial einzeln angeordnete Nanostrukturen herzustellen, um diese dann in der wissenschaftlichen Forschung zu untersuchen. Für die Herstellung größerer Mengen von Nanopartikeln, wie sie z. B. für verschiedenste Anwendungen (siehe Kap. 4) benötigt werden, sind diese Methoden jedoch nicht geeignet, da der Zeitaufwand zur Herstellung einer Struktur sehr hoch ist.

Hier bieten sich chemische Methoden an, die darauf basieren, dass Nanopartikel in großer Zahl durch chemische Reaktionen und Verfahren hergestellt werden können. Inzwischen wurden diese chemischen Verfahren so perfektioniert, dass Nanopartikel in unterschiedlichen Formen und aus unterschiedlichen Materialien hergestellt werden können. So ist es z. B. möglich, pyramidenförmige, stäbchenförmige, kugelförmige und viele andere Formen von Nanopartikeln herzustellen. Hierin liegt auch ein Vorteil der chemischen Methoden im Vergleich zu den oben beschriebenen Methoden: Mit chemischen Methoden können „echte" 3-dimensionale Partikel hergestellt werden, während bei z. B. Elektronenstrahl-Lithografie die Querschnittsfläche der Nanostruktur immer gleich ist, also die Grundfläche des Struktur nur „nach oben gezogen" (extrudiert) wird.

Ein großer Augenmerk bei der chemischen Herstellung liegt in der sogenannten Monodispersität, d. h. dass die Größe der Partikel nach der Herstellung nur in einem gewissen Prozentsatz (meistens unter 10 %) voneinander abweicht. Größere Abweichungen würden zu einer Veränderung der optischen und elektrischen Eigenschaften der Strukturen und somit zu Problemen in den jeweiligen Anwendungen führen.

Da sich unterschiedliche Materialien für Nanopartikel, wie z. B. Gold oder Titan, in ihren chemischen Eigenschaften unterscheiden, existieren auch für unterschiedliche Materialien verschiedene chemische Verfahren („Rezepte"), um diese herzustellen. In diesem Kapitel soll nur auf die Herstellung von kugelförmigen Gold-Nanopartikeln eingegangen werden, andere Verfahren für auch unterschiedliche Materialien können z. B. (Dreaden et al. 2012) entnommen werden. Jedoch existieren auch zur Herstellung von Gold-Nanopartikeln unterschiedliche Verfahren, die zu verschiedenen Formen und Größen der Nanopartikel führen.

In diesem Text soll die 1951 von dem Chemieprofessor John Turkevich veröffentlichte Methode kurz vorgestellt werden (Turkevich et al. 1951). Wie in (Wuithschick et al. 2015) beschrieben, stellt diese Turkevich-Methode ein „glückliches Zusammentreffen aufgrund eines günstigen Zusammenspiels verschiedener chemischer und physikochemischer Prozesse dar". Mit der Turkevich-Methode ist es möglich, Gold-Nanopartikel im Bereich von ca. 10–20 nm Größe herzustellen (auch größere Partikel sind möglich; dies geht jedoch zu Lasten der Monodispersität: Die Variation der Größe der Partikel in der Lösung wird größer).

Grundlage der Reaktion sind Goldsalze, die chemisch durch die Formel $HAuCl_4$ beschrieben werden. Salze sind chemische Verbindungen, welche aus positiv geladenen Kationen („geladenes Gold") und negativ geladenen Anionen bestehen. Diese Goldsalze werden nun in Wasser gelöst und erhitzt. Durch Zugabe von Natriumcitrat (in der Lebensmittelindustrie als Säureregulator E331 bekannt) können die im Goldsalz vorhandenen, geladenen Gold-Kationen in neutrale Gold-Atome umgewandelt werden. Chemisch gesehen spricht man hierbei von „Reduktion". Diese nun in der Lösung vorhandenen einzelnen Gold-Atome dienen als kleine Kondensationskeime („Seed-Partikel"). An ihnen können sich nun weitere Gold-Atome aus der Lösung anlagern, was zur Bildung von Gold-Nanopartikeln führt.

Das in der Lösung vorhandene Natriumcitrat wirkt bei der Reaktion jedoch nicht nur als Reduktionsmittel, um Gold-Ionen in Gold-Atome umzuwandeln, sondern stellt gleichzeitig den sogenannten Stabilisator der Reaktion dar. Stabilisieren bedeutet in diesem Fall, dass verhindert wird, dass mehrere kleine Gold-Nanopartikel in der Lösung zusammenkleben – chemisch agglomerieren genannt – und man somit am Ende statt Nanopartikeln größere Goldkörner erhält. Zur Stabilisierung lagert sich hierzu das Natriumcitrat an der Oberfläche der Gold-Nanopartikel an und erstellt somit eine Schutzschicht bzw. „Anti-Klebe-Schicht", die das Agglomerieren verhindert.

Die Wirksamkeit dieser Schicht kann man, sobald die Reaktion beendet ist und man eine Lösung mit Gold-Nanopartikeln hat, auch sehr gut überprüfen, indem man z. B. Calciumchlorid hinzugibt, welches die Natriumcitrat-Hüllen um die einzelnen Gold-Nanopartikel neutralisiert. Das Entfernen der Schutzschicht führt nun zu einem Agglomerieren der Nanopartikel. Hierdurch bilden sich also größere Gold-Partikel, was dazu führt, dass die Lösung langsam ihre Farbe ändert (und am Ende sogar farblos wird). Diese Abhängigkeit der Farbe einer Nanopartikel-Lösung von der Größe der Nanopartikel wird detaillierter in Abschn. 4.1.1 behandelt.

> **Was in diesem Kapitel behandelt wurde**
>
> - Es existieren verschiedene Methoden zur Herstellung von Nanopartikeln.
> - Elektronenstrahl-Lithografie und Focused Ion Beam Milling erlauben es, sehr definierte und regelmäßig angeordnete Strukturen auf Trägermaterial zu schreiben.
> - Chemische Methoden erlauben die Herstellung von unterschiedlichen Nanopartikeln in Lösungen. Die Methoden unterscheiden sich für unterschiedliche Formen wie auch für unterschiedliche Materialien.

Anwendungen 4

4.1   Kirchenglasfenster

Schon in der Antike und im Mittelalter kannten Glasmacher die Wirkung von in Glasschmelzen eingebrachtem Gold. Anders als die Farbe von solidem Gold kann Glas, in welchem sich Gold-Nanopartikel befinden, auch tiefrote, satte Farben annehmen. Die Mischungsverhältnisse von Nanopartikel und Glas für dieses sogenannte Goldrubinglas entstammten in früheren Zeiten Überlieferungen und Erfahrungswerten. Heute jedoch weiß man, dass bereits ein Goldgehalt von 0,01 Gewichtsprozent für eine intensive Rotfärbung sorgt (Bammel 2006).

Zur Herstellung des Glases wurde eine ähnliche Methode wie bei der chemischen Herstellung von Gold-Nanopartikeln (siehe Abschn. 3.3) verwendet. Es werden zunächst Goldsalze in eine 1500°C heiße Glasschmelze eingebracht. Diese Salze sorgen jedoch nach dem Einbringen in das flüssige Glas noch nicht unmittelbar für eine Färbung. Um die intensive Rotfärbung zu erhalten, muss das Glas nach einer Abkühlung nochmals auf 600°C aufgeheizt werden. Untersuchungen zeigen, dass dies dafür sorgt, dass die geladenen Gold-Ionen zu Gold-Atomen, also ungeladenen Teilchen, umgewandelt werden. Diese können im Glas „wandern" und lagern sich mit anderen Gold-Atomen zusammen, wodurch kleine Goldklumpen – also Gold-Nanopartikel – entstehen.

Die Färbung des Glases hängt direkt mit der Resonanzfrequenz der Plasmonenschwingung zusammen, die bereits im Abschn. 2.3 beschrieben wurde. Hierzu soll nochmals die Bestrahlung eines einzelnen Gold-Nanopartikels mit Licht einer bestimmten Frequenz f betrachtet werden. Dies sorgt für eine Bewegung der Elektronen im Partikel, wodurch sich Polarisationsladungen an der Partikeloberfläche bilden.

© Springer Fachmedien Wiesbaden 2016
C. Schneider, *Licht in der Welt der Nanotechnologie*, essentials,
DOI 10.1007/978-3-658-14311-4_4

Aufgrund dieser Polarisationsladungen bildet sich innerhalb des Partikels ebenfalls ein elektrisches Feld aus, welches die gleiche Frequenz hat wie das externe, anregende elektrische Feld der Lichtwelle, diesem jedoch entgegengerichtet ist, wie in Abb. 2.5 dargestellt. Die beiden Felder – das externe elektrische Feld der Lichtwelle, welches in den Nanopartikel eindringen kann sowie das durch die Polarisationsladungen gebildete Feld – können sich also im Partikelinneren überlagern. Das resultierende Feld wird im Folgenden als „internes Feld", abgekürzt mit dem Formelzeichen E_{int}, bezeichnet.

Je mehr Elektronen an der Schwingung teilnehmen, d. h. je näher man an der Resonanzfrequenz des Elektronengases ist, desto größer wird auch das interne Feld. Durch eine hier nicht näher erläuterte Rechnung kann man dieses interne Feld in Abhängigkeit des externen Feldes, also des durch die einfallende Lichtwelle erzeugten Feldes, berechnen. Es ergibt sich die Gleichung

$$E_{\mathrm{int}}(f) = E_0 \cdot \frac{3\varepsilon_m}{\varepsilon(f) + 2\varepsilon_m} \tag{4.1}$$

In dieser Gleichung stellt E_0 das elektrische Feld der Lichtwelle, $\epsilon(f)$ die dielektrische Funktion des Materials des Nanopartikels sowie ε_m die dielektrische Funktion des umgebenden Materials dar – im Falle von Fenstern z. B. Glas.

Anhand oben angegebener Gleichung kann nun die Resonanzfrequenz – also sozusagen die Lichtfarbe, für welche die Plasmonenschwingung maximal ist – bestimmt werden. Bei der Resonanzfrequenz muss der Nenner in Gl. 4.1 minimal sein, also $\varepsilon(f) + 2\varepsilon_m$ minimal sein.

Wie kommt nun der optische Eindruck, also zum Beispiel die leuchtenden Farben der Fenster im Inneren einer Kirche, zustande? Hierzu soll nun von einer Glasplatte ausgegangen werden, in der sich Gold-Nanopartikel befinden und die mit weißem Licht, also z. B. Sonnenlicht, bestrahlt wird. Sonnenlicht besteht aus einem Farbspektrum, das von Blau (hohe Frequenzen) bis Rot (niedrige Frequenzen) reicht – alles, was sich im infraroten bzw. ultravioletten Bereich befindet, liegt außerhalb des für Menschen sichtbaren Spektrums.

Der Farbeindruck innerhalb einer Kirche ergibt sich nun, indem man wahrnimmt, was durch die Fenster hindurchgeht, also transmittiert wird. Hierzu sind zwei Effekte zu beachten, die sich Absorption und Streuung nennen.

Bei der Absorption wird Licht in den Nanopartikeln in andere Energieformen umgewandelt, z. B. in Wärme. Dies geschieht durch Anregung von Elektronen: Ein Elektron in einem Energieband kann innerhalb des gleichen oder in ein anderes Energieband angehoben werden, indem ihm Energie hinzugefügt wird. Dies ist z. B. von Einsteins Fotoeffekt bekannt, bei dem Elektronen nicht nur angehoben, sondern auch aus dem Material „herausgeschlagen" werden können.

Im Bild vom bohrschen Atommodell kann das Elektron also z. B. zwischen zwei Bahnen einen Übergang machen. Man nennt einen Übergang zwischen zwei Bändern einen Interband-Übergang (von lat. „inter" = zwischen), einen Übergang innerhalb des gleichen Bandes einen Intraband-Übergang (von lat. „intra" = innerhalb). Fällt es nach kurzer Zeit wieder in seinen energetisch tiefer liegenden Ursprungszustand zurück, kann die Energie z. B. in Wärme umgewandelt werden.

Bei der Streuung wird Licht nicht in andere Energieformen umgewandelt, sondern nur räumlich umverteilt. Man kann sich dies z. B. anhand eines kleinen Experimentes klar machen. Man füllt hierzu Wasser in ein Glas und leuchtet mit einer Taschenlampe hindurch. Schaut man senkrecht zur Lichtrichtung auf das Glas, so kann man kein Licht sehen. Das Licht wird hier nicht gestreut. Füllt man nun ein paar Tropfen Milch ins Glas, wird die Flüssigkeit trüb. Nun kann man auch senkrecht zur Strahlrichtung Licht beobachten – Licht wird also gestreut. Gleichzeitig bedeutet dies, dass – schaut man durch das milchige Wasser in die Taschenlampe hinein – weniger Licht hindurchkommt. Physikalisch ausgedrückt sagt man, dass die Transmission aufgrund einer höheren Streuung reduziert wird.

Sowohl Absorption wie auch Streuung führen also dazu, dass weniger Licht durch ein Medium transmittiert wird. Man fasst daher beide Effekte unter dem Namen „Extinktion" zusammen (Extinktion = Absorption + Streuung). Alles, was nicht absorbiert oder gestreut wird, wird transmittiert.

Bei Nanopartikeln ist nun sowohl Streuung wie auch Absorption abhängig von der Frequenz des eingestrahlten Lichtes (siehe Gl. 2.1), d. h. also abhängig von der Farbe des Lichtes. Für Licht der Resonanzfrequenz (bzw. in der Nähe der Resonanzfrequenz) wird die Streuung wie auch die Absorption stärker. Bei der Resonanzfrequenz nehmen mehr Elektronen an der Schwingung teil, wodurch dann auch mehr Energie im Material absorbiert wird. Bei der Streuung nennt man den Effekt „Antenneneffekt", da der kleine Nanopartikel ähnlich wie eine Antenne wirkt, die man z. B. vom Senden von Radiowellen kennt. Auch bei solch großen Radioantennen bewegen sich Elektronen hin und her und sorgen damit für die Aussendung von elektromagnetischen Wellen. Ein Nanopartikel ist also nichts anderes als eine Antenne für Licht, die Licht dann in alle Richtungen aussenden kann und damit streut.

Im Folgenden soll nun davon ausgegangen werden, dass die Resonanzfrequenz für Plasmonen in Gold-Nanopartikeln im grünen Spektralbereich liegt. Für grünes Licht wird also die Schwingung der Elektronen maximal. Insgesamt wird also in einer Glasscheibe, in welche Gold-Nanopartikel eingebracht wurden, Licht im grünen Spektralbereich stärker absorbiert und gestreut, also weniger transmittiert. Was dann innerhalb der Kirche sichtbar ist, ist also rotes Licht – die Komplementärfarbe zu Grün. Von außen erscheinen die Fenster dann grün, da viel grünes Licht zurückgestreut wird.

Diesen Effekt haben sich schon die Römer zunutze gemacht. Ein berühmtes Beispiel ist z. B. der Lykurgus-Kelch aus dem 4. Jahrhundert. Dieser erscheint, wird er von innen heraus beleuchtet, nach außen rot, da der grüne Anteil von den eingearbeiteten Nanoteilchen absorbiert wird. Umgekehrt erscheint er, wird er von außen beleuchtet, in grüner Farbe.

Mie-Theorie – die erweiterte Geschichte

Der bisher vorgestellte Teil der Mie-Theorie erlaubt es, optische Effekte, die bei Nanopartikeln auftreten, mit dem anschaulichen Modell von schwingenden Elektronen und der damit verbundenen erhöhten Streuung und Absorption zu beschreiben. Trotzdem existieren noch eine Reihe von weiteren Effekten, die mit dem bisher vorgestellten Gerüst nicht erklärt werden können. Diese sollen hier noch kurz besprochen werden, da sie in den weiteren Kapiteln teilweise relevant sind.

So liefert die oben beschriebene Erklärung für die Farbe von Kirchenglasfenstern noch keine Erklärung dafür, wieso Fenster in unterschiedlichen Farben hergestellt werden können. Gl. 4.1 besagt, dass die Resonanzfrequenz ausschließlich von der dielektrischen Funktion des verwendeten Materials abhängt, welche bisher als unveränderbare Materialeigenschaft angesehen wurde.

Für kleine Nanopartikel ist dies jedoch nicht mehr der Fall. Wie in Abschn. 2.2 erwähnt, geht in die dielektrische Funktion bei Berechnung über das Drude-Sommerfeld-Lorentz-Modell die Anzahl von Kollisionen der Elektronen pro Sekunde ein. Dies kann man sich so vorstellen wie der Weg über einen überfüllten Weihnachtsmarkt: Man muss, um von einem Ende an das andere zu gelangen, immer wieder um andere Leute herumlaufen bzw. würde eigentlich mit diesen kollidieren. Die Anzahl von Richtungsänderungen pro Sekunde entspricht der Anzahl Kollisionen der Elektronen pro Sekunde, der Weg auf dem Weihnachtsmarkt zwischen zwei Richtungsänderungen nennt man bei Elektronen „freie Weglänge". Sie gibt an, wie weit Elektronen im Mittel im Festkörper wandern können, bevor sie wieder kollidieren. Eine Verkleinerung des Nanopartikels kann nun dazu führen, dass die Größe des Nanopartikels in der Größenordnung der freien Weglänge der Elektronen liegt, und somit die Elektronen auch öfter mit der Wand des Nanopartikels stoßen. Im Bild des Weihnachtsmarktes kann man sich dies wieder so vorstellen, als ob man zwischen zwei Menschen eine zusätzliche Mauer (also den Rand des Nanopartikels) einzieht. Hierdurch verändert sich die dielektrische Funktion und damit auch die Resonanzfrequenz des Nanopartikels.

Vergrößert man nun den Nanopartikel, so kommt ein anderer Effekt zum Tragen: der sogenannte Retardierungseffekt. Die obige Beschreibung ging davon aus, dass das externe Lichtfeld an jedem Punkt des Nanopartikels identisch ist. Da Licht jedoch eine elektromagnetische Welle ist und sich im Raum ausbreitet, hängt die elektrische Feldstärke von der Position im Raum ab. Für größere Partikel kommt daher der Effekt zum Tragen, dass an einer Seite des Partikels eine andere elektrische Feldstärke herrscht als an der anderen Seite. Somit wirkt auf die Elektronen im Inneren des Partikels nicht an jeder Stelle die gleiche Kraft, was ebenfalls die Resonanzfrequenz verändert.

Es stellt sich nun die Frage, welche Farbe ein bestimmter Partikel bei Beleuchtung mit weißem Licht zeigt – einmal in Reflexion und einmal in Transmission. Wie Rechnungen zeigen skaliert die Stärke der Streuung der Partikel mit dem Quadrat des Partikelvolumens, die Stärke der Absorption jedoch linear mit dem Partikelvolumen. Verdoppelt man also das Partikelvolumen, so verdoppelt sich auch die Absorption. Die Streuung wird jedoch viermal so hoch. Gleichzeitig ändert sich durch Erhöhung der Größe des Partikels die Resonanzfrequenz so, dass die Resonanz sich weiter in den roten Spektralbereich verschiebt.

Die Frequenz, bei der ein Nanopartikel eine Resonanz zeigt, wie auch die Stärke der Absorption und die Stärke der Streuung, sind daher abhängig von der Größe des Partikels. Somit ist das resultierende optische Verhalten von Nanopartikeln bei Bestrahlung mit Licht ein komplexes Wechselspiel zwischen Resonanzfrequenz sowie Absorption und Streuung (und damit Extinktion). Dieses Wechselspiel erfordert – vor allem bei komplexeren Formen von Nanopartikeln als Kugeln – oftmals Computersimulationen, um das genaue optische Verhalten von Nanopartikeln vorauszusagen.

Was in diesem Abschnitt behandelt wurde

- Die Plasmonenresonanz ändert frequenzabhängig die Streuung und Absorption von Nanopartikeln. Hierdurch sieht man bei Transmission eine andere Farbe als in Reflexion.
- Eine Veränderung der Größe des Partikels führt zu einer Veränderung der Resonanzfrequenz
- Zusätzlich ändert sich bei Veränderung der Größe das Verhältnis zwischen Absorption und Streuung.

4.2 Diagnose und Therapie: Einsatz von Nanopartikeln in der Medizin

Ein großes und vielversprechendes Anwendungs- wie auch Forschungsgebiet sind Nanopartikel in der Medizin. Diese bieten neue Perspektiven für effiziente Behandlungsmethoden von Krankheiten, schnellere und günstigere Analysemethoden in der medizinischen Diagnostik wie auch unkomplizierte medizinische Tests für den Alltag.

Die einzelnen Anwendungsgebiete basieren dabei auf unterschiedlichen Eigenschaften, die aus der Wechselwirkung von Nanopartikeln mit Licht resultieren. In diesem Kapitel sollen zwei Beispiele vorgestellt werden, nämlich die Therapie von Krebs, an der derzeit geforscht wird, sowie der Schwangerschaftstest, bei dem schon heute Gold-Nanopartikel eingesetzt werden.

Bei den genannten Anwendungsgebieten wird auf verschiedene physikalische Eigenschaften der Nanopartikel bzw. der biologisch beteiligten Systeme gesetzt. So wird derzeit an einer Krebstherapie mit Hilfe von Nanopartikeln, der sogenannten fotothermalen Therapie, geforscht, bei der durch Wechselwirkung von Licht mit Nanopartikeln bösartige Tumore zerstört werden können (Mieszawska et al. 2013). Als Funktionsgrundlage der Therapie dient der sogenannte „EPR-Effekt", wobei EPR für „enhanced permeability and retention", also „erhöhte Permeabilität (Durchdringung) und Retention (Zurückhaltung)" steht. Tumorzellen neigen aufgrund ihrer Struktur dazu, sehr viele neue Blutbahnen zu bilden, die aber andere Eigenschaften aufweisen als normale Blutbahnen. Ins Blut eingebrachte (z. B. durch Spritzen) Gold-Nanopartikel können daher sehr einfach in den Tumor eindringen (Permeabilität), werden dort aber angelagert und nicht wieder zurück in den normalen Blutkreislauf gebracht (Zurückhaltung). Hierdurch können sich Nanopartikel sehr stark im Tumor-Gewebe anlagern.

Bestrahlt man die mit Nanopartikeln angereicherten Krebszellen nun mit Licht, dessen Frequenz der Resonanzfrequenz der Elektronen im Nanopartikeln entspricht, so bewirkt dies eine starke Schwingung der Elektronen im Partikel. Dies führt, ähnlich wie schon bei den Kirchenglasfenstern beschrieben, zu einer hohen Absorption und Streuung. Das absorbierte Licht wird hierbei in Wärme umgewandelt. Dieses Prinzip der Umwandlung der Energie von bewegten Elektronen in Wärme kennt man z. B. von Toastern: Der Stromfluss (die bewegten Elektronen) sorgen aufgrund des Widerstandes des darin befindlichen Drahtes für Wärme. Die aufgrund dieses Prinzips im Nanopartikel entstehende Wärme bewirkt nun, dass das Krebsgewebe aufgeheizt wird und damit der Tumor zerstört wird.

Vorteil dieser Methode ist, dass die Wärme vor allem im Tumorgewebe abgegeben wird, da sich hier die Nanopartikel angereichert haben. Das umgebende gesunde Gewebe wird quasi nicht beeinflusst bzw. nur mit sehr viel geringerer Wärme belastet.

Im Falle der Krebstherapie können jedoch keine kugelförmigen Nanopartikel mehr eingesetzt werden, da der Bereich, in dem diese ihre Resonanzfrequenz aufweisen können, sehr beschränkt ist. So ist es nicht möglich, die Resonanz bei kugelförmigen Nanopartikeln in das sogenannte „Nah-Infrarot-Fenster" zu schieben. In diesem Bereich zwischen ca. 700 und 900 nm kann Licht tief in biologisches Gewebe eindringen, da dort die Absorption durch Hämoglobin und Wasser im Blut stark reduziert ist. Aus diesem Grund werden für die Anwendungen zur Krebstherapie vorwiegend Nanostäbchen eingesetzt, bei denen die Resonanzfrequenz durch das Verhältnis zwischen deren Länge und Breite in einem viel weiteren Wellenlängenbereich abgestimmt werden kann.

Inzwischen gibt es auch Versuche, die Oberfläche der Nanopartikel chemisch so zu verändern (man spricht hierbei von Funktionalisierung), dass der Anlagerungsprozess im Krebsgewebe nochmals verstärkt wird. Diese biologische Funktionalisierung soll jedoch nicht nur für die Therapie von Krebs eingesetzt werden, sondern wird heutzutage auch schon aktiv bei Schwangerschaftstests verwendet.

Das Funktionsprinzip von Schwangerschaftstests basiert auf sogenannten „Immunassays", die im Folgenden beschrieben werden sollen. Unter Immunassay versteht man Methoden, bei denen eine Antigen-Antikörper-Reaktion zum Nachweis eines Stoffes eingesetzt wird. Dies kann man sich wie ein Schlüssel-Schloss-Prinzip vorstellen: Antigene besitzen Bindestellen (also „Schlösser"), welche „Epitope" genannt werden. Ein Antikörper kann an einem dieser Epitope „andocken", also eine Verbindung mit ihm eingehen, wenn Antigen und Antikörper zusammen passen, also der Schlüssel auf das Schloss passt. In allen anderen Fällen kommt keine Bindung zustande.

Abb. 4.1a zeigt die schematische Darstellung eines Schwangerschaftsteststreifens: Auf der linken Seite befindet sich ein Vorrat an mit Antikörpern funktionalisierten Gold-Nanopartikeln. Hierzu werden Antikörper mit chemischen Methoden bei der Herstellung der Gold-Nanopartikel an deren Oberfläche gebunden (siehe Abb. 4.1b). Die Antikörper wurden so gewählt, dass sie an das Hormon hCG (humanes Choriongonadotropin) andocken können – ein Hormon, welches in erhöhter Konzentration im Urin von Schwangeren vorhanden ist.

Kommt nun Urin auf den Teststreifen, so beginnen die funktionalisierten Gold-Nanopartikel mit diesem Urin über den Streifen hin zu den Teststellen zu wandern. Im Falle einer Schwangerschaft verbindet sich der mit dem Gold-Nanopartikel verbundene Antikörper mit einer Bindestelle – einem Epitop – des Hormons, man erhält also Komplexe aus hCG, Gold-Nanopartikel und Antikörper, die über den Streifen wandern (siehe Abb. 4.1c).

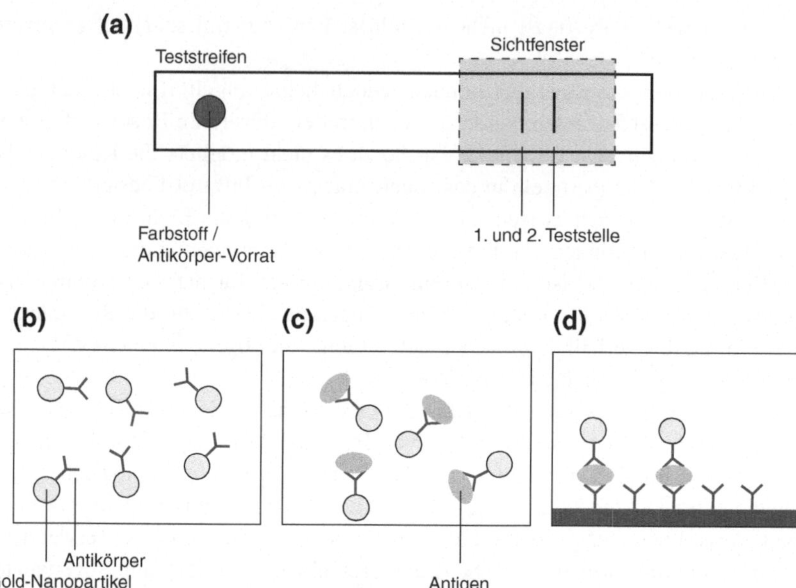

Abb. 4.1 Prinzipielle Funktionsweise eines Immunassays am Beispiel eines Schwangerschaftstests. (**a**) Schematischer Aufbau eines Schwangerschaftsteststreifens, (**b**) Schematische Darstellung von mit Antikörpern funktionalisierten Gold-Nanopartikeln, (**c**) Kopplung eines Antigens (Hormons) an die Antikörper, (**d**) Nachweis an der 1. Teststelle

An der ersten Teststelle auf dem Streifen befinden sich nochmals Antikörper. Diese Antikörper sind jedoch immobilisiert, das heißt ortsfest an dieser Stelle, aufgebracht. Diese können wiederum eine Verbindung zu einer weiteren, zweiten Bindestelle des hCG eingehen. Im Falle einer Schwangerschaft können sich also an der ersten Teststelle die Gold-Nanopartikel anlagern (siehe Abb. 4.1d), da das hCG sozusagen als Bindeglied zwischen funktionalisiertem Nanopartikel und Antikörper an der Teststelle fungiert.

Aufgrund der optischen Eigenschaften der Gold-Nanopartikel (siehe Abschn. 4.1) färbt sich also diese Stelle rot, was ein Nachweis der Schwangerschaft darstellt. An der zweiten auf dem Teststreifen vorhandenen Teststelle können nochmals Gold-Nanopartikel angelagert werden, jedoch auch ohne das Vorhandensein des Schwangerschaftshormons im Urin. Hierdurch kann die Funktionsfähigkeit des Teststreifens überprüft werden, da so gesichert ist, dass die Nanopartikel die erste Teststelle passiert haben.

Liegt keine Schwangerschaft vor, so ist die Konzentration von hCG im Urin viel niedriger, somit fehlt das Bindeglied (das Hormon), welches eine Verbindung zwischen Nanopartikel und der ersten Teststelle schafft. In diesem Fall färbt sich also nur die zweite Teststelle rot.

Was in diesem Abschnitt behandelt wurde

- Nanopartikel können in der medizinischen Diagnose und Forschung eingesetzt werden.
- Bei Krebstherapie wird an der fotothermalen Therapie mithilfe von Nanopartikeln geforscht, bei der die Erzeugung von Wärme in Nanopartikeln zur Zerstörung von Krebszellen genutzt werden soll.
- Beim Schwangerschaftstest werden Gold-Nanopartikel als Farbstoff eingesetzt, um mithilfe einer Antigen-Antikörper-Reaktion Schwangerschaftshormone nachzuweisen.

4.3   Strom aus Licht: Nanotechnologie in Solarzellen

Regenerative Energien sind heutzutage ein viel diskutiertes Thema, können sie doch evtl. helfen, das Energieproblem in der Zukunft zu lösen. Solarzellen sind hierbei eine vielversprechende Technologie, um Strom zu erzeugen. Der Solarmarkt boomt derzeit – wurden 2010 weltweit noch ca. 40 GW an Leistung allein durch Solarzellen produziert, waren es im Jahr 2014 schon ca. 177 GW – mehr als das Vierfache der Leistung von 2010 (IEA International Energy Agency 2014)! Ein Ende ist noch nicht in Sicht – für 2015 wurde ein Leistungszuwachs zwischen ca. 40 und 60 GW prognostiziert (Solar Power Europe).

Obwohl die Produktion von Solarstrom stark steigt, ist durch Solarzellen erzeugter Strom vergleichsweise teuer. Um mit fossilen Brennstoffen wettbewerbsfähig zu sein, müssten Solarzellen um einen Faktor 2–5 billiger sein (Atwater und Polman 2010).

Größter Kostenfaktor ist hierbei der Herstellungsprozess, genauer das verwendete Material, z. B. Silizium. In diesem Kapitel soll gezeigt werden, wie Nanotechnologie helfen kann, Solarzellen günstiger und gleichzeitig effizienter zu gestalten. Hierfür wird zunächst auf die allgemeine Funktionsweise von Solarzellen eingegangen, um dann die sich durch Nanotechnologie ergebenden Möglichkeiten vorzustellen.

Grundlagen von Solarzellen stellen sogenannte Halbleiter dar. Dies sind chemische Elemente wie z. B. Silizium, Germanium und andere. Für eine ausführliche physikalische Darstellung siehe z. B. (Kittel 2013). Halbleiter sind physikalisch durch einen bestimmten Aufbau der Energiebänder charakterisiert: Das Valenzband – also das energetisch gesehen tiefer liegende Band (siehe Abschn. 2.2) – ist vollgefüllt, alle „Plätze" für Elektronen sind also besetzt. An das Valenzband schließt sich eine Energielücke an, die z. B. bei Silizium eine Größe von ca. 1,1 eV hat. Einem Elektron muss also – z. B. durch Licht – eine Energie von mindestens 1,1 eV zugefügt werden, um diese Energielücke zu überwinden.

Anschließend an die Energielücke – also die für Elektronen verbotene Zone, im englischen gerne als „Bandgap" bezeichnet – befindet sich das leere Leitungsband. Die Konfiguration eines Halbleiters hat also zur Folge, dass er keinen Strom leitet, da im Leitungsband keine Elektronen vorhanden sind. Erst wenn man Elektronen aus dem Valenz- in das Leitungsband anregt, z. B. durch Licht, kann der Halbleiter leitfähig werden.

Eine Eigenschaft, die man sich bei Halbleitern zu Nutze macht, ist, dass man sie dotieren kann. Dies bedeutet, dass man z. B. in das reine Silizium durch technische Methoden Fremdatome mit anderer Wertigkeit einbringt. Dies kann man sich folgendermaßen vorstellen: Silizium ist 4-wertig, hat also 4 Elektronen, die Bindungen zu anderen Silizium-Atomen eingehen (siehe Abb. 4.2). In einem anschaulichen Bild kann man sich also vorstellen, dass Silizium vier Hände hat, mit denen es die Hände anderer Silizium-Atome ergreift. Somit entsteht eine regelmäßige Silizium-Struktur, bei der es keine freien Hände gibt. Bringt man nun ein Material ein, das z. B. ein Bindungselektron mehr – also eine Hand mehr – besitzt, so wird dieses Elektron im Silizium als freies, ungebundenes Elektron zur Verfügung stehen (siehe Abb. 4.2a). Umgekehrt kann man auch Materialien einbringen, welche ein Elektron weniger besitzen. In diesem Fall bleibt ein Elektron des Siliziums ungebunden (siehe Abb. 4.2b).

Bringt man Materialien ein, welche ein Elektron mehr besitzen, spricht man von n-Dotierung (n wie negativ), im anderen Fall von p-Dotierung (p wie positiv). Diese Bezeichnungen bedeuten jedoch nur, dass entweder mehr oder weniger freie Elektronen im Material vorhanden sind. Trotzdem ist das komplette Material elektrisch gesehen neutral, da man immer mit neutralen Atomen dotiert.

Eine Solarzelle basiert nun auf einem sogenannten pn-Übergang, also einer Kombination eines p-dotierten mit einem n-dotierten Halbleiter (siehe Abb. 4.2c). Bringt man beide Halbleiter in Verbindung, so versuchen Elektronen der n-dotierten Seite die Plätze der fehlenden Elektronen auf der p-dotierten Seite zu füllen.

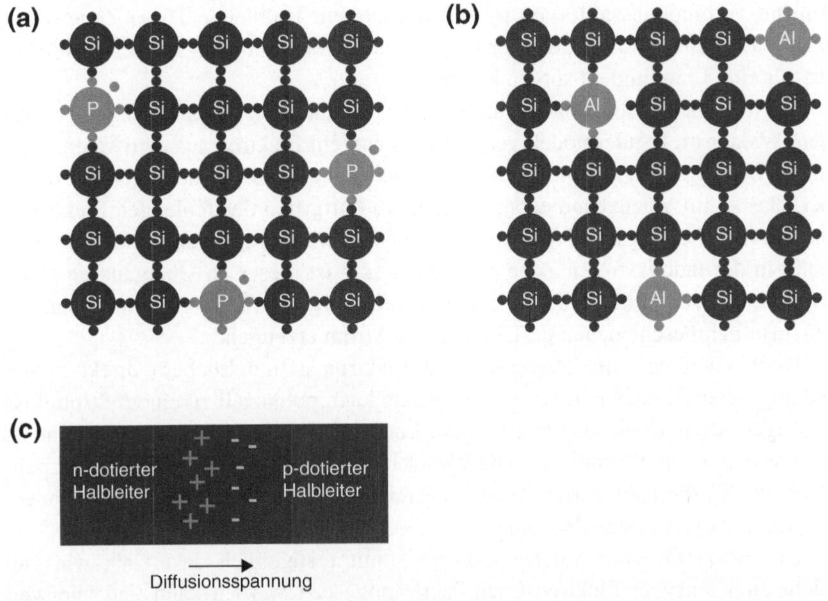

Abb. 4.2 Dotierung von Halbleitern: (**a**) Wird Silizium mit einem Material mit einem Valenzelektron mehr dotiert, wie z. B. Phosphor (P), so nennt man dies n-Dotierung. (**b**) Dotiert man mit einem Material wie z. B. Aluminium (Al), welches ein Valenzelektron weniger besitzt, so nennt man dies p-Dotierung. Die Verbindung von n- und p-dotierten Halbleitern wie in (**c**) dargestellt, führt zur Ausbildung einer ladungsfreien Zone sowie daraus resultierend einer Ladung in den einzelnen Halbleitern und somit einer Spannung

Die fehlenden Elektronen werden daher auch gerne als Löcher bezeichnet. Diese verhalten sich wie positive Ladungen und werden daher physikalisch auch als solche behandelt. Die Wanderung der Ladungsträger (also der Löcher und der Elektronen) zwischen den unterschiedlich dotierten Seiten sorgt nun dafür, dass die ursprünglich neutralen Halbleiter eine Ladung erhalten – in den p-dotierten Teil sind negative Elektronen gewandert, wodurch dieser dann negativ geladen ist. Umgekehrt sorgen die nun vorhandenen positiven Löcher (also der Elektronenmangel) im n-dotierten Teil für eine positive Ladung. Aufgrund dieser Ladungsdifferenz bildet sich zwischen dem n- und p-dotierten Teil eine Spannung aus, die man wegen ihrer Ursache Diffusionsspannung nennt. Diese stoppt nun den Diffusionsprozess, wirkt also „bremsend" auf das Wandern von Elektronen bzw. Löchern und sorgt damit dafür, dass sich die Ladungsträger nicht über den kompletten Halbleiter ausgleichen können, sondern nur in einer gewissen Grenzzone um die Verbindungsstelle von p- und n-dotiertem Halbleiter. Diese Zone nennt man „ladungsfreie Zone", da hier weder freie Elektronen noch Löcher existieren, die für eine Leitfähigkeit sorgen könnten.

Trifft Licht auf diese ladungsfreie Zone, so kann ein Elektron angeregt werden. Wieder im Bändermodell gesprochen kann ein Elektron aus dem Valenzband in das Leitungsband angehoben werden, was man als Interbandübergang bezeichnet. Das so im Valenzband entstandene Loch (aufgrund des fehlenden Elektrons) und das im Leitungsband vorhandene Elektron werden nun aufgrund der Spannung in der ladungsfreien Zone getrennt, was – ist dieser pn-Übergang an einen Verbraucher angeschlossen – zu einem Strom führt. Somit lässt sich mit Solarzellen, also lichtbeschienenen pn-Übergängen, Strom erzeugen.

Doch nicht nur die Erzeugung von Elektronen und Löchern direkt in der ladungsfreien Zone, sondern auch außerhalb kann potenziell zu einem Stromfluss beitragen, wenn es dieses Elektron bzw. Loch schafft, in die ladungsfreie Zone zu wandern, d. h. zu diffundieren. Die Wahrscheinlichkeit, das es ein Elektron-Loch-Paar schafft, die ladungsfreie Zone zu erreichen, sinkt jedoch mit zunehmendem Abstand des Paares von der Zone.

Die Effizienz einer Solarzelle hängt somit maßgeblich davon ab, wie viel Licht zum einen in Elektron-Loch-Paare umgesetzt werden kann und wie weit Ladungsträger im Material wandern können, ohne durch verschiedene Prozesse wieder neutralisiert zu werden. Der erste Punkt – also die Lichtabsorption – wird größer, je dicker die Solarzelle bzw. der pn-Übergang ist, da das Licht dann eine größere Länge innerhalb der Solarzelle durchlaufen kann. Jedoch können bei zu dicken Schichten die Elektron-Loch-Paare nicht bis in die ladungsfreie Zone wandern, was eher für dünne Solarzellen spricht.

Im Anschluss wird gezeigt, wie neue Ergebnisse in der Forschung an nanotechnologisch verbesserten Solarzellen es ermöglichen, sehr dünne Zellen mit großer Absorption herzustellen. Hiermit können die Materialkosten für die Solarzelle beträchtlich reduziert werden sowie gleichzeitig deren Effizienz beibehalten werden (Atwater und Polman 2010).

Hierzu werden derzeit verschiedene Verfahren untersucht. Bei einem Verfahren werden Nanopartikel direkt in den pn-Übergang eingebracht. Wird Licht eingestrahlt, dessen Frequenz in der Nähe der Plasmonenresonanz des Partikels liegt, so kann am Ort des Nanopartikels – also im pn-Übergangsbereich – ein hohes elektrisches Feld erzeugt werden (siehe Abb. 4.3a). Dies kann man sich – wie schon vorher im Modell eines Kindes auf einer Schaukel gedacht – so vorstellen, dass das Kind (als Analogie zur Lichtwelle) mit immer gleichen, gleichmäßigen Bewegungen seiner Beine für eine stete Vergrößerung der Auslenkung der

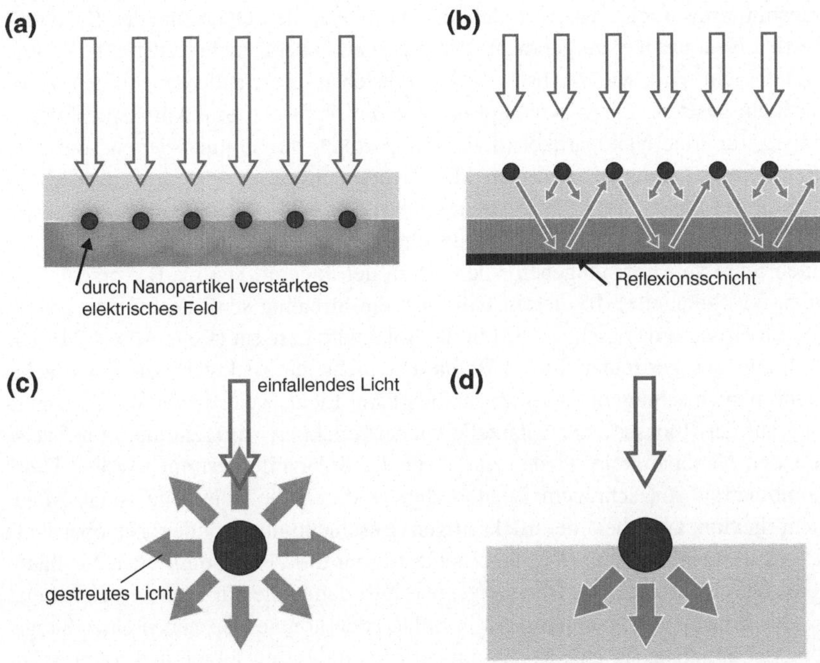

Abb. 4.3 Schematische Darstellungen von (**a**) der Feldverstärkung aufgrund einer Resonanz bei in einer Solarzelle eingebrachten Nanopartikeln, (**b**) der Mehrfachreflexion von Licht innerhalb einer Solarzelle durch Reflexionsschicht und Nanopartikel, (**c**) der Richtungsverteilung von gestreutem Licht bei einem Nanopartikel in homogener Umgebung (d. h. er ist an allen Seiten vom gleichen Material umgeben), (**d**) der Richtungsverteilung von gestreutem Licht bei einem Nanopartikel in inhomogener Umgebung, z. B. auf einer Solarzelle. (Grafik **a** und **b** adaptiert von Atwater und Polman 2010)

Schaukel (als Analogie zur Schwingung der Elektronen) sorgen kann. Somit bildet sich in der pn-Schicht ein starkes elektrisches Feld aus, oder – quantenmechanisch im Partikelbild gesprochen – steht in der pn-Schicht eine erhöhte Anzahl an Photonen (Lichtteilchen) zur Verfügung, die für die Erzeugung von Elektronen und Löchern sorgt. Dies bedeutet damit eine höhere Effizienz der Solarzelle im Vergleich zu einer Zelle ohne Nanopartikel.

Eine weitere Methode ist die Beschichtung der Solarzellen auf zwei Seiten (siehe Abb. 4.3b): Auf der lichtabgewandten Seite, also der Rückseite, wird eine Reflexionsschicht aufgebracht, die dafür sorgt, dass das durch die Solarzelle transmittiertes Licht wieder reflektiert wird. Auf der Oberseite der Solarzelle werden Nanopartikel aufgebracht. Diese sorgen nun für mehrere Effekte: Einfallendes Licht wird, wie in Abschn. 4.1 beschrieben, unter anderem von den Nanopartikeln gestreut. Diese Streuung ist, wie physikalische Simulationsrechnungen zeigen, für freie Nanopartikel (d. h. Nanopartikel, die an allen Seiten vom gleichen Material umgeben sind) für alle Richtungen gleich – es wird also in alle Richtungen gleich viel Licht gestreut (siehe Abb. 4.3c). Interessanterweise ändert sich dies, wenn man Nanopartikel auf eine Oberfläche aufbringt, sie also an der einen Seite von Luft umgeben sind und an der anderen Seite z. B. von Silizium (d. h. der Solarzelle). In diesem Fall wird die Streuung stark nach unten gerichtet; ein Großteil des Lichtes wird in die Solarzelle gestreut (siehe Abb. 4.3d). Die Richtung des gestreuten Lichts ist hierbei nicht nur senkrecht zur Oberfläche, sondern auch schräg zu dieser. Zusätzlich kann Licht, welches von der Beschichtung auf der Rückseite der Solarzelle wieder reflektiert wird, zumindest teilweise von den Nanopartikeln wieder zurück in die Solarzelle gestreut werden. Diese Kombination von schrägem Lichtdurchgang durch die Solarzelle sowie Mehrfachreflexion zwischen der rückseitigen Beschichtung und den Nanopartikeln sorgt für einen längeren Weg des Lichtes durch die Zelle, somit auch für häufigeres Durchlaufen des pn-Übergangs, und hilft damit, sie effizienter zu gestalten.

Der Einsatz von Nanopartikeln in Solarzellen könnte also neben einer Steigerung der Effizienz für eine Reduktion der Materialkosten sorgen und somit Solarzellen noch stärker in den Fokus als Alternative zu fossilen Brennstoffen rücken.

4.4 Die bunte Welt der Plasmonen für digitale Anwendungen

Nanostrukturen, welche eine Plasmonenresonanz zeigen, wurden – wie in Abschn. 4.1 dargestellt – bereits im Mittelalter zur Färbung von Kirchenglasfenstern verwendet. Diese auf Nanotechnologie basierende Methode der Farbgebung könnte in Zukunft auch bei modernen digitalen Foto- und Videokameras eingesetzt werden (Dean 2015), wie im Folgenden beschrieben werden soll.

Bei modernen Kameras werden heutzutage zur Bildaufzeichnung meist digitale Bildsensoren, die auf der sogenannten CCD- bzw. CMOS-Technologie basieren, eingesetzt. CCD steht hierbei für „Charged Coupled Device", während CMOS „Complementary Metal Oxide Semiconductor" bedeutet. Beide Sensorentypen haben je nach Anwendung ihre Vor- und Nachteile. Sie sind sich in ihrer elementaren Funktionsweise recht ähnlich, weshalb im Weiteren nicht auf die

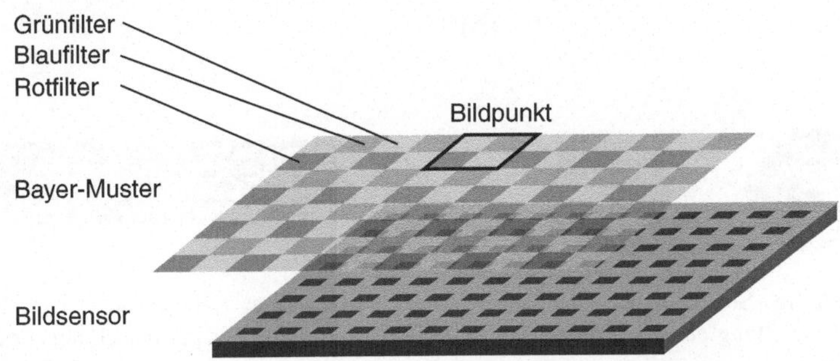

Abb. 4.4 Schematische Darstellung des Aufbaus der Bildaufzeichnung in Digitalkameras, bestehend aus dem Bildsensor sowie dem Bayer-Muster, welches für eine Farbfilterung sorgt

Unterschiede zwischen den Sensoren eingegangen wird. In beiden Fällen sind die Sensoren aus kleinen Fotodioden aufgebaut, die das auftreffende Licht in elektrische Signale umwandeln. Die Fotodioden sind auf der Oberfläche eines Bildsensors regelmäßig angeordnet. Sie arbeiten nach einem ähnlichen Prinzip wie die in Abschn. 4.3 vorgestellte Solarzelle, bestehen also aus Halbleitern. Damit sind die eigentlichen Fotodioden aber „farbblind", können also nur Helligkeiten unterscheiden. Eine Aufzeichnung von Farbe in Digitalfotos wäre mit einem solchen Chip alleine also nicht möglich.

Aus diesem Grund kombiniert man die Bildsensoren in Digitalkameras mit Farbfiltern, die im sogenannten Bayer-Muster angeordnet sind (engl. „Bayer pattern"), siehe Abb. 4.4. Die farbigen Filterbereiche transmittieren jeweils eine Grundfarbe – Rot, Grün oder Blau – und der dahinter liegende Bildsensor misst die Helligkeit. Die Farbe Grün ist hierbei doppelt vertreten, da Grün im menschlichen Auge den größten Beitrag zur Helligkeitswahrnehmung leistet. Die Farbe eines Bildpunktes (engl. „pixel") des aufgenommenen Bildes kann also aus den gemessenen Helligkeitswerten von vier Fotodioden berechnet werden.

Die zunehmende Miniaturisierung von Kameras, wie sie z. B. heute in jedem Smartphone verbaut werden, bzw. die immer größer werdende Auflösung und damit der Dichte der Fotodioden pro Fläche stellt die Herstellung jedoch vor immer größere Herausforderungen. So ist bei den eingesetzten Filtern, welche mit Hilfe von Farbstoffen für die Farbigkeit des Bayer-Musters sorgen, ein zunehmender Verlust an Leistungsfähigkeit bei Verkleinerung der Farbflächen bzw. dünner werdenden Filtern zu beobachten. Effekte wie ein „Übersprechen" zwischen verschiedenen Fotodioden (d. h. dass z. B. eine Fotodiode, die eigentlich

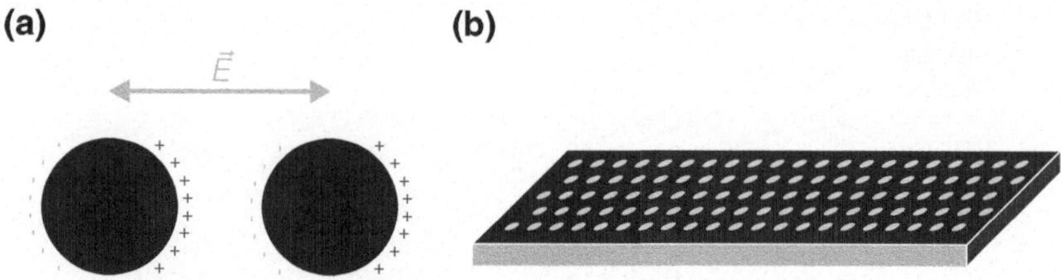

Abb. 4.5 (a) Schematische Darstellung zweier benachbarter Nanopartikel. (b) Schematische Darstellung eines plasmonischen Farbfilters, basierend auf periodisch angeordneten Löchern

rotes Licht messen soll, auch von einem grünen Bereich ein Signal erhält) werden auf einmal wichtig und limitieren somit die erreichbare minimale Größe des Bildsensors bzw. die erreichbare Auflösung.

An dieser Stelle kann Nanotechnologie eine Lösung bieten. Die momentane Forschung beschäftigt sich mit Farbfiltern, welche auf Plasmonen basieren. Diese bestehen aus einer dünnen Metallschicht, in welche in definiertem Abstand Löcher eingebracht sind. Für die Strukturierung kann z. B. Focused Ion Beam Milling (siehe Abschn. 3.2) verwendet werden. Um die Funktionsweise hinter dieser strukturierten Metallschicht zu verstehen bietet es sich an, zunächst einmal zwei einzelne Nanopartikel zu betrachten (siehe Abb. 4.5a).

Wie bereits in dem einführenden Abschn. 2.3 zur Mie-Theorie bzw. bei den Anwendungen in Abschn. 4.1 dargestellt, basiert die frequenzabhängige Streuintensität von Nanopartikeln, wodurch zum Beispiel die Farben von Kirchenglasfenstern erklärt werden können, auf der Verschiebung und resonanten Schwingung von Elektronen. Wird ein Nanopartikel mit Licht der Resonanzfrequenz beleuchtet, so wird die Streuung und Absorption von Licht maximal. Die Resonanzfrequenz ist hierbei von der dielektrischen Funktion des verwendeten Materials sowie weiteren Faktoren wie der Größe des Partikels abhängig.

Die Resonanzfrequenz lässt sich aber ebenfalls durch die Anordnung mehrerer Partikel nebeneinander verschieben bzw. einstellen, wie in Abb. 4.5a beispielhaft an zwei Partikeln dargestellt. In diesem Fall können sich die verschobenen Elektronen gegenseitig beeinflussen. So sind zu einem bestimmten Zeitpunkt die Elektronen in beiden Partikeln nach links verschoben, wodurch am rechten Rand der Partikel positive Ladungen entstehen. Zwischen den beiden Partikeln kann also die positive Ladung des linken Partikels (aufgrund des Elektronenmangels) die negativen Elektronen des rechten Partikels anziehen, da sich Ladungen verschiedenen Vorzeichens anziehen. Diese zusätzliche Kraft sorgt dafür, dass sich die Resonanzfrequenz der Kombination aus Nanopartikeln – man spricht hierbei von einem „gekoppelten System" – gegenüber dem einzelnen Nanopartikel verschiebt. Wieder in Analogie gesprochen, kann man sich vorstellen, dass die Geschwindigkeit, mit der ein Kind auf einer Schaukel hin- und her schwingt, von der Erdanziehungskraft abhängt. Ohne Erdanziehungskraft z. B. würde das Kind gar nicht schwingen können; mit wenig Anziehungskraft würde alles in Zeitlupe passieren. So ist auch bei den Nanopartikeln die Resonanzfrequenz durch die von außen wirkenden Kräfte gegeben.

Werden Nanopartikel nun in einem regelmäßigen Gitter angeordnet, kann die Resonanzfrequenz (und damit die Farbe, die von dem kompletten Gitter reflektiert und transmittiert wird) durch die Größe sowie den Abstand der Nanopartikel untereinander definiert eingestellt werden. Man erhält auf diese Art und Weise einen plasmonischen Farbfilter. Jedoch wäre ein solcher Filter sehr schwer herstellbar, da die Nanopartikel quasi „in der Luft" hängen und keine Verbindung zueinander haben. Ein Ausweg wäre z. B. deren Herstellung auf einem Substrat, was jedoch wieder die Dicke des Filters erhöhen würde.

Daher werden statt Nanopartikeln auf einem Trägermaterial meist Löcher in einen Metallfilm „geschrieben" (siehe Abb. 4.5b). Man kann physikalisch zeigen, dass solche Löcher fast identische optische Eigenschaften haben wie die inverse Struktur; also die Struktur, bei der an den Stellen der Löcher Nanopartikel sitzen. Dieses Prinzip kennt man in der Physik unter dem Namen „Babinetsches Theorem".

Diese Art der Produktion von Farbfiltern stellt für den Bau von Kamerasensoren einen großen Vorteil dar. So ist es zum Beispiel möglich, den gelochten Metallfilm mit dem CMOS-Chip zu kombinieren. Man erhält somit einen Chip, der farbempfindlich ist, ohne eine zusätzliche Farbfilterebene in Form eines Bayer-Musters hinzufügen zu müssen. Erste Ergebnisse solcher Chips wurden bereits als funktionsfähig demonstriert (Chen et al. 2012), und möglicherweise können diese in Zukunft die momentan gängigen, auf Farbstoffen basierenden Filter ersetzen.

Zusammenfassung und Ausblick 5

In diesem Text wurden Grundlagen wie auch verschiedene Anwendungen der lichtbasierten Nanotechnologie vorgestellt, angefangen bei Kirchenglasfenster über medizinische Anwendungen, Energietechnik bis hin zu Anwendungen bei der Herstellung von Kamerachips. Trotz der Vielfalt stellt dieser Text nur einen kleinen Ausschnitt der heutzutage möglichen Anwendungen dar. Die Vielfalt der Anwendungen wird nochmals größer, wenn zusätzlich auch Effekte von Nanopartikeln mit berücksichtigt werden, die auf weiteren Eigenschaften, wie z. B. magnetischen oder mechanischen Eigenschaften, basieren.

Trotz aller Vorteile, welche die Nanotechnologie heutzutage bietet, konnte ein wichtiger Aspekt in diesem Text nicht behandelt werden, nämlich die Risiken der Nanotechnologie. Mit jeder neuen Technologie müssen auch sorgfältig deren Gefahren für den Menschen überprüft werden, so besonders bei den Methoden, die einen direkten Kontakt zwischen Nanopartikeln und Menschen erfordern, wie z. B. medizinische Methoden und Diagnoseverfahren. So wurde z. B. nachgewiesen, dass Nanopartikel das zentrale Nervensystem von Mäusen beeinflussen können. Die Auswirkungen auf den Menschen sind noch weitgehend unbekannt, da aufgrund der erst jungen Technologie noch keine bzw. nur wenige Langzeitstudien existieren.

Nanopartikel könnten jedoch nicht nur im unmittelbaren Kontakt mit Menschen zu Gefahren und Risiken führen, auch indirekte Wege sind denkbar (z. B. über Nanopartikel, die über Umwege ins Abwasser gelangen und so wieder über das Trinkwasser aufgenommen werden könnten).

Eine umfassende Diskussion der Vor- und Nachteile von Nanotechnologie, der verschiedenen Risikofaktoren und bereits durchgeführten Studien würde den in diesem Text vorhandenen Platz sprengen, weshalb an dieser Stelle auf bereits vorhandene Veröffentlichungen verwiesen werden soll (Radad et al. 2012; Gazsó et al. 2007).

© Springer Fachmedien Wiesbaden 2016
C. Schneider, *Licht in der Welt der Nanotechnologie*, essentials,
DOI 10.1007/978-3-658-14311-4_5

Nanotechnologie ist insgesamt eine vielversprechende und aufstrebende Technologie mit dem Potenzial, viele Bereiche unseres (täglichen) Lebens zu verbessern bzw. zu revolutionieren, jedoch sind hierfür noch viele Jahre Forschung, Entwicklung und stetige Verbesserungen notwendig, um hoffentlich irgendwann in der Zukunft ihr volles Potenzial mit möglichst wenig bzw. am besten keinem Risiko für den Menschen nutzen zu können.

Was Sie aus diesem *essential* mitnehmen können

- Die Wechselwirkung von Licht mit Nanostrukturen führt zu neuen, von der Alltagswelt her unbekannten Effekten, da Nanostrukturen eine Größe im Bereich der Wellenlänge des Lichts haben.
- Nanostrukturen lassen sich über unterschiedliche Methoden wie z. B. Elektronenstrahllithografie, Focused Ion Beam Milling oder chemische Methoden herstellen.
- Nanotechnologie begegnet uns bereits in unserem Alltag, z. B. bei Kirchenglasfenstern oder Schwangerschaftstests.
- Forschung im Bereich der Nanotechnologie kann zu neuen Anwendungen führen, wie z. B. effizientere Solarzellen oder neuartige CCD-Sensoren.

© Springer Fachmedien Wiesbaden 2016
C. Schneider, *Licht in der Welt der Nanotechnologie,* essentials,
DOI 10.1007/978-3-658-14311-4

Literatur

Atwater, H. A., & Polman, A. (2010). Plasmonics for improved photovoltaic devices. *Nature Materials, 9,* 205–213.

Bammel, D. K. (2006). Oberflächliche Farbenpracht. *Physik Journal, 5*(12), 52–53.

Bundesministerium für Bildung und Forschung. (2013). *nano.DE-Report 2013: Status quo der Nanotechnologie in Deutschland.*

Chen, Q., Das, D., Chitnis, D., Walls, K., Drysdale, T. D., Collins, S., et al. (2012). A CMOS image sensor integrated with plasmonic colour filters. *Plasmonics, 7,* 695–699.

Dean, N. (2015). Colouring at the nanoscale. *Nature Nanotechnology, 10,* 15-16.

Dreaden, E. C., Alkilany, A. M., Huang, X., Murphy, C. J., & El-Sayed, M. A. (2012). The golden age: Gold nanoparticles for biomedicine. *Chemical Society Reviews, 41,* 2740–2779.

Feynman, R. (o. J.). *Plenty of room at the bottom.* http://www.its.caltech.edu/~feynman/plenty.html. Zugegriffen: 25. Okt. 2015.

Gazsó, A., Greßler, S., & Schiemer, F. (2007). *Nano: Chancen und Risiken aktueller Technologien.* Wien: Springer.

IEA International Energy Agency. (2014). *Snapshot of Global PV Markets.*

Jackson, J. D. (2002). *Klassische Elektrodynamik.* (3. Aufl.). Berlin: De Gruyter.

Johnson, P. B., & Christy, R. W. (1972). Optical constants of the noble metals. *Physical Review B, 6,* 4370.

Kittel, C. (2013). *Einführung in die Festkörperphysik.* München: Oldenbourg Wissenschaftsverlag.

Menz, W., Mohr, J., & Paul, O. (2005). *Mikrosystemtechnik für Ingenieure* (3. Aufl.). Weinheim: Wiley.

Mie, G. (1908). Beiträge zur Optik trüber Medien, speziell kolloidaler Metallösungen. *Annalen der Physik, 330*(3), 377–445.

Mieszawska, A. J., Mulder, W. J., Fayad, Z. A., & Cormode, D. P. (2013). Multifunctional gold nanoparticles for diagnosis and therapy of disease. *Molecular Pharmaceutics, 10,* 831–847.

© Springer Fachmedien Wiesbaden 2016

C. Schneider, *Licht in der Welt der Nanotechnologie,* essentials,

DOI 10.1007/978-3-658-14311-4

Radad, K., Al-Shraim, M., Moldzio, R., & Rausch, W.-D. (2012). Recent advances in benefits and hazards of engineered nanoparticles. *Environmental Toxicology and Pharmacology, 34,* 661–672.

Solar Power Europe. (kein Datum). *Global Market Outlook for Solar Power/2015–2019.*

Turkevich, J., Stevenson, P. C., & Hillier, J. (1951). A study of the nucleation and growth processes in the synthesis of colloidal gold. *Discussions of the Faraday Society, 11*(55).

Wuithschick, M., Birnbaum, A., Witte, S., Sztucki, M., Vainio, U., Pinna, N., et al. (2015). Turkevich in new robes: Key questions answered for the most common gold nanoparticle synthesis. *American Chemical Society Nano, 9*(7), 7052–7071.